U0056231
法式
檸檬甜點
加藤里名

前言

利用身邊隨手可得的食材，做出美味的糕點時、發現了以前不知道的使用方式時，總覺得獲益匪淺，很想把這種心情傳遞給別人吧？

對我來說，檸檬正是那樣的食材。

我在巴黎吃到酸味和甜度達到絕妙平衡的檸檬塔時，驚訝地想著，只用一整年都可以在超市買到的食材就能做出如此美味的甜點嗎？因為這個機緣，才察覺自己到了甜點店，總是伸手拿取檸檬糕點。

回到日本之後，我遇見了香氣濃郁、酸味溫和的日本國產檸檬，因為很想看一眼檸檬園，甚至前往瀨戶內島波海道一探究竟。

每年檸檬盛產的季節，我在課堂上端出使用整顆檸檬連皮製成的自製檸檬水，已成了基本儀式。

不只糕點，還可以用來製作飲品或料理，使用的範圍很廣泛，與其他食材的搭配度也無與倫比，可以是主角也可以當配角的檸檬，是瞭解得愈多愈覺得深奧的食材。

在本書中，我將會把那樣使用的檸檬製成的糕點，以及在巴黎學習到的法式糕點技術，藉由在家裡也能輕鬆製作的食譜一併介紹給大家。

如果這次的檸檬糕點能夠成為想要傳達給某個人、想要和某個人一起享用的一款「讓人聊得很起勁的糕點」，將會令我感到非常開心。

加藤里名

Contents

用檸檬製作的宴客甜點

冰冰涼涼的檸檬甜點

週末檸檬餐

檸檬筆記

在製作糕點之前

使用上等的原料、包含在該糕點中個人所偏愛的食材。

使用日本國產無蠟檸檬，
如果買不到的話，請參照P.43，將進口檸檬處理過後才使用。

材料要預先以磅秤計量之後才展開作業。

材料要遵照食譜內的指示，調整為適當的溫度之後才使用。

粉類、糖粉要預先過篩備用。

烤箱要事先預熱備用。

本書的規則

◎分量基本上以 g 來表示。
檸檬使用 M 尺寸（全果100g．果汁40g），
蛋使用 M 尺寸（全蛋50g．蛋黃20g．蛋白30g），
奶油使用無鹽奶油，如果沒有指示的話，鮮奶油使用乳脂肪含量36％ 的產品。

◎烤箱的預熱溫度要設定在比實際烘烤時的溫度再高10度。
如果是餅乾麵糊和擠在烤盤上的麵糊，預熱時不要放入烤盤，其他的品項都要連同烤盤一起預熱。
本書刊載的是使用電烤箱時的烘烤時間和溫度。
因為熱源或機型各有不同，請視自己烤箱的狀況予以調整。

◎也可以使用與本書所示的尺寸不一樣的烘烤模具來製作。
在模具中倒入水，測量容量，以容量比為基準，算出分量的比例。
設定的溫度不變，加長或縮短烘烤的時間，烘烤至變成指示的成品狀態為止。

參考
磅蛋糕麵糊　18㎝×8.5㎝×5.5㎝的磅蛋糕模具1模份＝600㎖
海綿蛋糕麵糊　15㎝圓形模具1模份＝700㎖
咕咕霍夫蛋糕　18㎝咕咕霍夫模具1模份＝1100㎖

把15㎝圓形模具＝700㎖更換成18㎝圓形模具＝1200㎖的時候，
1200㎖÷700㎖＝1.71容量比 → 蛋50g×1.71＝86g

本書中的⅄是用來表示甜點製作的難易度。
⅄ 適合初級者　⅄⅄ 適合中級者　⅄⅄⅄ 適合高級者

檸檬塔

FEUILLES DE GLACE
Glace aux mille fruits 15
Glace au sirop d'epine vinette 15
Glace de ratafia 20
Glace aux pistaches et à la bergamote 15
Glace aux biscuits 15
Glace au marasquin 20
Glace au noyau 20
Glace à la cannelle 25

TARTELETTE
CITRON
3€95

我所製作的檸檬塔
是意識到酸甜平衡的檸檬塔

以前我對檸檬塔沒什麼感覺。

某一天，我在巴黎的甜點店吃到酸味突出、口感滑順的檸檬凝乳（lemon curd），當場為之深深著迷，檸檬塔因此成了我極為喜愛的甜點。

自從發覺檸檬塔的美味以來，逛甜點店時，我注意到不論是店面多麼小的甜點店，都一定會陳列著檸檬塔。

我知道檸檬塔是法國人不可缺少的甜點之後，曾經嘗試詢問巴黎人，為什麼檸檬塔會深受法國人喜愛。結果，我得到的答覆是，因為找到很合自己口味的檸檬塔時，那家店對自己而言即可說是一家美味的店，並進而成為日後選擇甜點店時的參考。

——只以檸檬凝乳製作出酸味稍強的檸檬塔，將檸檬凝乳擠出成淚珠形狀的檸檬塔，以蛋白霜點綴、與甜度調和的檸檬塔，做成甜點風味的檸檬塔——

我走訪各處品嘗各式各樣的檸檬塔，最後研發出來的是，意識到酸甜平衡的檸檬塔。

在家裡製作檸檬塔的時候，重點終究在於檸檬凝乳的作法。檸檬汁加多一點，檸檬皮也大量地削下來，然後減少砂糖的用量。不加入玉米製粉等，只靠奶油做出口感滑順的凝乳。這種檸檬凝乳，與酥脆的塔皮及蛋白霜的甜味取得平衡所製成的檸檬塔，還獲得了巴黎人的認證與美味評價。

意識到酸味和甜味的平衡，已經成為我在製作各式各樣的糕點時奉行的指標。

私房檸檬塔 ⅄⅄ 作法→P.12-21

Process 1 製作檸檬凝乳

18cm塔模具1模份
完成品約370g
作業30分鐘

材料

全蛋　110g
細砂糖　80g
檸檬汁　120g
磨碎的檸檬皮　約3個份
奶油　110g

+材料恢復至常溫。

將細砂糖和蛋混合

1　將全蛋和細砂糖放入缽盆中，以打蛋器搓磨攪拌至細砂糖唰啦唰啦的粗糙感消失為止。

加熱檸檬汁

2　將檸檬汁和檸檬皮放入鍋子中，以中火加熱至鍋子邊緣有點沸騰為止。

混合攪拌

3　將**2**的檸檬汁像細線垂落般一點一點地加進**1**的缽盆中，同時以打蛋器充分攪拌均勻。

notes

不要將蛋直接加入檸檬汁的鍋子中。因為檸檬汁是熱的，會把蛋煮熟，務必留意。

檸檬凝乳是源自英國的保存食品。
在家裡做好之後，搭配麵包或司康享用。
雖然也有市售品，但是自己動手做出來的格外美味。
自製的檸檬凝乳請在約1週內使用完畢。

4 將**3**倒回鍋子中，再度以中火加熱，不斷攪拌，煮滾之後再攪拌1分鐘，然後移入缽盆中。

notes

要持續不斷地混合攪拌以免蛋液凝固。

5 放涼至略高於體溫的溫度，然後分成3次加入奶油。每次都要等奶油塊融化，蛋液變得滑順之後才加入下一次的奶油，攪拌至變成帶有光澤、滑順的奶油醬為止。

notes

如果在蛋液還很熱的時候加入奶油，奶油幫助凝乳固化的強度會減弱，造成檸檬凝乳不易凝固，所以要等溫度下降之後才進行作業。

過濾

6 過濾檸檬凝乳，放涼至變成室溫（約20度）為止。

Process 2 製作塔皮

搓合

1 將粉類、冰冷的奶油放入食物調理機中，攪打至奶油塊消失，變成細小的粉粒（a）。如果沒有食物調理機，就把相同的材料放入缽盆中，用指尖搓合粉類和奶油，搓成細小的粉粒（b）。

如果有食物調理機，5分鐘就能搞定的酥脆塔皮，
在自己家裡很容易復習，在課堂上也很受歡迎。
把白巧克力塗在烘烤完成的塔皮上，是我在巴黎的甜點店工作時學到的手法。
因為水分無法穿透巧克力，所以經過一段時間之後，塔皮還是很酥脆。

18㎝塔模具1模份
作業15分鐘　烘烤時間25分鐘
材料
粉類（低筋麵粉100g、糖粉30g、鹽0.5g、杏仁粉15g）
奶油　60g
全蛋　20g
香草精　少許
白巧克力　50g

+奶油切成1㎝小丁，放在冷藏室冷卻備用。
+白巧克力融化備用。

混合

2 將1移入缽盆中，再把打散的蛋液、香草精倒入粉類的正中央，用手攪拌均勻。

3 用手掌以按壓的方式集中聚攏。
notes
沒有粉粒就OK了。不要混拌過度。

4 集中成一個麵團之後放入塑膠袋中，放在冷藏室靜置1小時以上。
notes
靜置1天的話，麵團會更加融為一體。

Process 2 製作塔皮

擀平延伸

1 將手粉撒在作業台上，取出已經事先靜置過的麵團，以擀麵棍敲打延展成圓形，直到以手指按壓會留下痕跡為止（a, b）。

2 將麵團的上半部往外擀薄，待擀麵棍回到正中央之後再將下半部擀薄（c, d, e）。

3 將麵團旋轉90度，以同樣的方式擀薄，同時擀成尺寸比塔模具大上一圈、厚3mm的圓形麵皮（f）。

notes

為了避免麵皮黏附在作業台上，每次擀薄時，都要在麵團的兩面撒手粉。

在麵皮的兩端預先放置厚度為3mm的麵團厚度輔助尺，就可以輕鬆擀成3mm的厚度。

鋪進模具裡

1 把麵皮鋪在模具裡面，用手指按壓麵皮，使其貼合側面和有角度的地方（a, b）。

2 滾動擀麵棍，將多餘的麵皮切除（c），將麵皮貼附在塔模具上，使麵皮略高於模具（d）。

3 用叉子在麵皮的底部均勻戳洞（e）。

4 將烘焙紙鋪在麵皮上，放上重石（f），然後以170度的烤箱烘烤20分鐘，取出重石之後再烤5分鐘，直到兩面都變成金黃色為止。烘烤完成之後脫模，置於網架上放涼。

notes

麵皮溫度過高，變得不好處理時，可以在每次作業前先放回冷藏室中冷卻。

Process 3 製作義大利蛋白霜

18cm塔模具1模份
作業20分鐘

材料

蛋白　45g
細砂糖　7g
糖漿（水30g、細砂糖75g）

打發蛋白霜

1 以手持式電動攪拌器打發蛋白，直到蛋白上會留下攪拌的痕跡為止，加入細砂糖7g之後攪拌，打發至立起尖角為止。

熬煮糖漿

2 將煮糖漿的水和細砂糖倒進鍋子中，煮到水分收乾，溫度達到117度為止。

notes

以200度溫度計測量溫度。或是加熱至以湯匙將糖漿滴進裝有冷水的杯子裡時，糖漿在冷水中會變成柔軟的圓球狀為止。

把糖漿加入已經打發的蛋白中混合，製作義大利蛋白霜。
雖然難度變得高了點，
但是只要完成氣泡穩定且帶有光澤的蛋白霜，就可以烤出漂亮的烤色，
而且呈現的甜度還能襯托出檸檬凝乳的酸味。

加在一起

3 將已經達到117度的糖漿，像細線垂落般一點一點地加入蛋白霜中，同時用手持式電動攪拌器以中速打發。

完成

4 以高速持續打發，直到蛋白霜冷卻至常溫為止。

notes

打發至出現光澤，立起尖角為止。

Process 4 完成

1 把隔水加熱融化的白巧克力，用刷子薄薄地塗在已經放涼的塔皮（P.14）內側。

2 將已經放涼的檸檬凝乳（P.12）倒入塔皮中至8分滿，然後放在冷藏室中冷卻凝固。

3 檸檬凝乳凝固之後，就可以用湯匙把義大利蛋白霜（P.18）盛在上面。

4 以瓦斯噴槍燒烤出焦色。如果沒有瓦斯噴槍的話，可以放入預熱至230度的烤箱中烘烤約5分鐘，烤出焦色。

內餡的口感滑順，
在享用之前都要放在冷藏室中充分冷卻，
最後撒上檸檬皮細絲就完成了。

瀨戶內地區的檸檬巡禮

最近，在日本的超市也可以買到日本國產檸檬。其之所以深受歡迎，關鍵應該在於比起進口檸檬，日本國產檸檬多半沒有上蠟，而且經過特殊的栽培，可以整顆安全地享用吧。

檸檬能夠利用的部分當然是釋出酸味的果汁，除此之外，黃色外皮的部分會散發出香氣，連檸檬的葉子也可藉由將其氣味轉移至牛奶等液體中，進而享受完整的香氣。真希望可以盡可能使用不含任何化學成分的檸檬。

廣島縣以日本國產檸檬的產地著稱。連結廣島縣尾道市和愛媛縣今治市的島波海道，中途經過生口島，島上遍布著檸檬園。

我曾在9月的時候前往生口島。

連繫生口島和旁邊大三島的多多羅大橋，橋頭底下有一大片檸檬園，被稱為檸檬谷。

雖然還沒到檸檬的採收季節，但只要一踏上這座島，就會看見一整片果園裡都是即將成為碩大果實的綠檸檬。

記憶中當時的感受是，這個地方的降雨量比日本本州少，氣候又溫暖，而且生長在平緩斜坡上的檸檬樹沐浴於豐沛的陽光下，在有點類似地中海的氣候之中結出碩大的檸檬果實。

一邊回想實際走訪產地時，當地人所說的話和當地的氣候，一邊編寫食譜，檸檬的用法似乎也變得不一樣了。

用檸檬製作的餅乾

檸檬白糖餅乾

作法→ P.26-27

檸檬糖霜餅乾

作法→ P.26-27

平凡無奇的壓模餅乾，只要加入檸檬皮，就會變成兼具清爽口感和鮮明砂糖甜味的餅乾。

檸檬白糖餅乾

艾菲爾鐵塔壓模15片份
作業30分鐘　烘烤時間15分鐘

材料

◎ 餅乾麵團
- 奶油　100g
- 鹽　1撮
- 糖粉　70g
- 磨碎的檸檬皮　1個份
- 全蛋　30g
- 香草精　少許
- 杏仁粉　30g
- 低筋麵粉　170g

蛋白　適量
頂飾砂糖　適量

＋奶油恢復至室溫。
＋將烘焙紙鋪在烤盤上。

作法

1 參照P.27，製作餅乾麵團。
2 用烘焙紙夾住麵團，以擀麵棍擀成厚4mm的麵皮，放入冷藏室約5分鐘，冷卻至可以將麵皮壓出漂亮形狀的硬度為止。
3 以艾菲爾鐵塔壓模壓出形狀。
4 排列在烤盤上，用刷子塗上薄薄一層蛋白，然後均勻地撒上頂飾砂糖。
5 以170度的烤箱烘烤15分鐘，烤至餅乾的背面也上色為止，然後放在網架上冷卻。

使用整顆檸檬的果汁，做出檸檬糖霜的酸味令人印象深刻的餅乾。
將糖霜攪拌至滴下時呈緞帶狀並出現光澤，是把餅乾做得漂亮的訣竅。
使用與檸檬白糖餅乾一樣的麵團來製作。

檸檬糖霜餅乾

5.5cm圓形壓模20片份
作業30分鐘　烘烤時間15分鐘

材料

◎ 餅乾麵團
- 奶油　100g
- 鹽　1撮
- 糖粉　70g
- 磨碎的檸檬皮　1個份
- 全蛋　30g
- 香草精　少許
- 杏仁粉　30g
- 低筋麵粉　170g

檸檬糖霜
- 糖粉　80g
- 檸檬汁　15g

開心果　適量

＋奶油恢復至室溫。
＋開心果細細切碎。
＋將烘焙紙鋪在烤盤上。

作法

1 參照P.27，製作餅乾麵團。以擀麵棍擀成厚4mm的麵皮，放入冷藏室約5分鐘，冷卻至可以將麵皮壓出漂亮形狀的硬度為止。
2 以圓形壓模壓出形狀。
3 排列在烤盤上，以170度的烤箱烘烤15分鐘，烤至餅乾的背面也上色為止，然後放在網架上冷卻。
4 製作檸檬糖霜，將糖霜以湯匙薄薄地塗布在餅乾表面，撒上細細切碎的開心果之後，讓糖霜凝固。

檸檬糖霜

將已經過篩的糖粉和檸檬汁放入缽盆中，以橡皮刮刀攪拌至糖霜滴下時呈緞帶狀並出現光澤為止。

餅乾麵團的作法

準備軟硬度是橡皮刮刀可以迅速切入的常溫奶油，製作重點在於以按壓的方式混合麵粉之外的材料

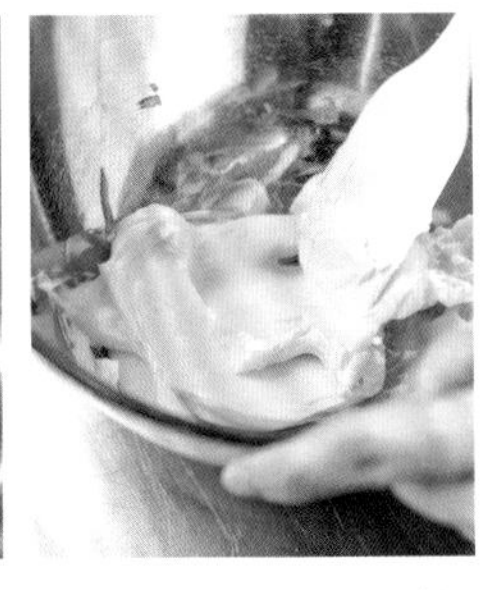
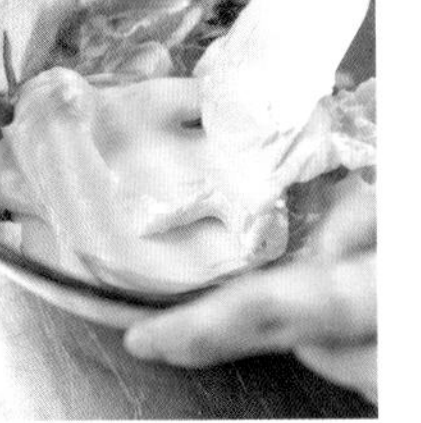

1 將奶油、鹽放入缽盆中，以橡皮刮刀攪拌，使奶油變得滑順。

2 加入糖粉和檸檬皮，以按壓的方式混合至變得滑順為止。

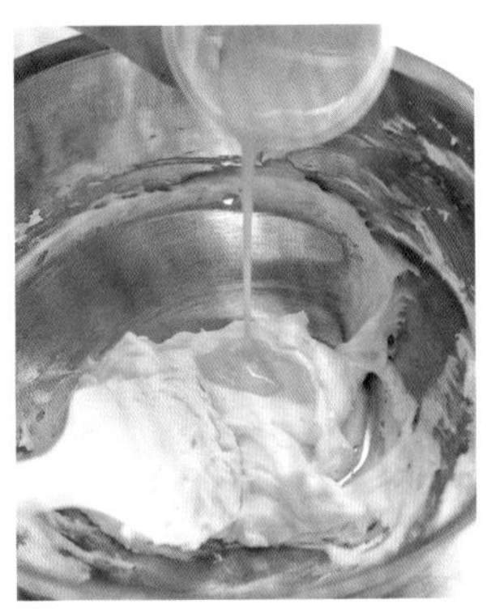

3
將全蛋分成4、5次加入，每次加入時都要充分攪拌至出現光澤為止。

4
將香草精、杏仁粉一次全加進去，以按壓的方式混合。

5 將低筋麵粉分成3次加入，每次加入時都要以切拌的方式混合至沒有粉粒為止。

6 集中成一團，放在冷藏室靜置1個晚上。

結合非常對味的檸檬和白巧克力，做出好吃到令人欲罷不能的雪球餅乾。
使用米製粉製作米製粉團是重點所在，因為不含麩質，比起麵粉做的雪球餅乾，口感更加酥脆。

檸檬白巧克力雪球餅乾

雪球餅乾約30個份

作業30分鐘　烘烤時間15分鐘

材料

◎ 麵團

- 奶油　50g
- 鹽　1撮
- 糖粉　20g
- 磨碎的檸檬皮　1個份
- 白巧克力　10g
- 牛奶　5g
- ◆杏仁粉　15g
- ◆米製粉　75g
- 核桃　20g

糖粉　50g

+ 奶油恢復至室溫。
+ 白巧克力和牛奶混合之後，隔水加熱融化備用。
+ 核桃切成粗末。
+ 將烘焙紙鋪在烤盤上。

作法

1 將奶油、鹽放入缽盆中，以橡皮刮刀攪拌至變得滑順為止。

2 加入糖粉和檸檬皮，用橡皮刮刀以按壓的方式混合。

3 將已經融化的白巧克力和牛奶加進去，充分混合至變得滑順為止。

4 將粉類◆一次全加進去，以切拌的方式混合至沒有粉粒為止。再加入核桃，以同樣的方式混合，待米製粉團不沾黏缽盆之後集中成一團，放在冷藏室冷卻1小時以上。

5 分成每塊5g的小團，揉圓之後等距擺放在烤盤上。

6 以170度的烤箱烘烤15分鐘，烤到掰開後不會濕黏、呈現酥鬆感為止，然後置於網架上放涼。

7 將雪球餅乾放入裝有糖粉的缽盆中裹滿糖粉，然後放在手掌上，讓多餘的糖粉掉落。重複這個作業2次，裹上大量糖粉。

notes

使用低筋麵粉製作雪球餅乾的時候，不需加入牛奶，低筋麵粉的分量與米製粉相同。

檸檬罌粟籽奶油酥餅

作法→ P.32-33

糖漬檸檬皮鑽石餅乾

作法→ P.32-33

蘇格蘭的傳統糕點奶油酥餅，英文名為shortbread。「short」有「酥脆」之意，指的是奶油餅乾。
在巴黎的咖啡館偶然發現了散發清爽檸檬風味的奶油酥餅，
那粒粒分明的罌粟籽和餅乾體酥脆的口感，好吃得令我無法忘懷，所以嘗試重現它的美味。

檸檬罌粟籽奶油酥餅

4cm菊形壓模10片份
作業30分鐘　烘烤時間20分鐘

材料

○ 奶油酥餅麵團
- 奶油　45g
- ◆低筋麵粉　50g
- ◆米製粉　15g
- 鹽　1撮
- 細砂糖　15g
- 磨碎的檸檬皮　½個份
- 蜂蜜　5g
- 罌粟籽　3g

頂飾砂糖　適量

＋ 奶油切成1cm小丁，放在冷藏室中冷卻備用。
＋ 將烘焙紙鋪在烤盤上。

作法

1 參照P.33，製作奶油酥餅麵團。用擀麵棍擀薄之後，以菊形壓模壓出形狀，然後放入冷凍室中冷卻變硬備用。

2 等距擺放在烤盤上，撒上頂飾砂糖，接著以170度的烤箱烘烤20分鐘，烤到餅乾的背面也上色為止，然後置於網架上放涼。

notes

由於以米製粉取代部分麵粉，所以會做出口感更加酥脆的奶油酥餅。

因為餅乾外圍那一圈砂糖像鑽石一樣閃閃發亮，
所以法文名稱叫做「Diamant」，也就是鑽石之意。把煮得甜甜的糖漬檸檬皮放入麵團中製作。

糖漬檸檬皮鑽石餅乾

3.5cm圓形壓模25片份
作業30分鐘　烘烤時間20分鐘

材料

○ 麵團
- 奶油　75g
- ◆低筋麵粉　95g
- ◆杏仁粉　20g
- 糖粉　35g
- 鹽　少許
- 磨碎的檸檬皮　1個份
- 香草精　少許
- 糖漬檸檬皮（P.68）　20g

蛋白　適量
頂飾砂糖　適量

＋ 奶油切成1cm小丁，放在冷藏室中冷卻備用。
＋ 糖漬檸檬皮切成5mm小丁。
＋ 將烘焙紙鋪在烤盤上。

作法

1 將冰冷的奶油、粉類◆、糖粉、鹽、磨碎的檸檬皮、香草精放入食物調理機中，攪打至奶油塊消失為止。

2 移入缽盆中，加入糖漬檸檬皮，以橡皮刮刀混拌之後集中成一團。

3 搓滾成直徑3cm的棒狀，放在冷凍室中冷卻變硬。

4 在做成棒狀的麵團周圍以刷子塗上薄薄一層蛋白，然後全體裹滿頂飾砂糖。

5 以菜刀切成1cm的厚度，等距擺放在烤盤上。

6 以170度的烤箱烘烤20分鐘，烤到餅乾的背面也淺淺地上色為止，然後置於網架上放涼。

notes

放入烤箱前先置於冷凍室5分鐘左右讓麵團變硬，麵團就不會膨脹，可以烤出漂亮的形狀。

奶油酥餅麵團的作法

使用冰冷的奶油，迅速地將麵團集中成一團以免奶油融化，是製作酥脆餅乾時的重點

1 將冰冷的奶油、粉類◆、鹽、細砂糖、檸檬皮放入食物調理機中，攪打至奶油塊消失為止。

2 移入缽盆中，加入蜂蜜、罌粟籽，以橡皮刮刀大幅度翻拌之後，用手抓握成一團。

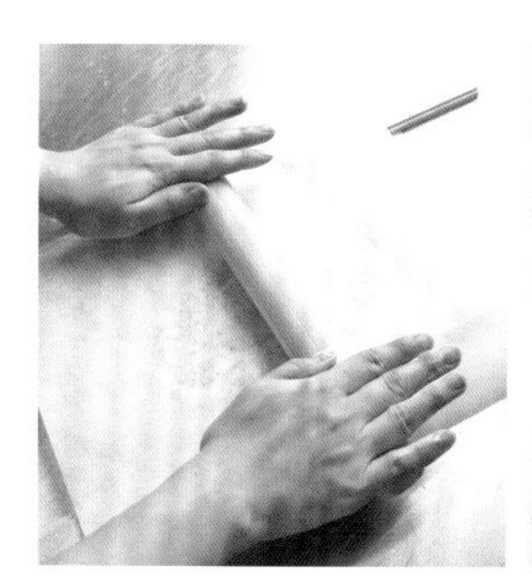

3 用烘焙紙夾住，以擀麵棍擀成8mm的厚度。

4 用菊形壓模壓出形狀，然後放入冷凍室中冷卻至充分變硬。

notes

如果不是要立刻烘烤的話，以保鮮膜密封起來放入冷凍室中。可以保存 2 週左右。

Air du vaudeville de
De mon âge
tendre langage
N.o 11.

脆脆的蛋白霜餅乾入口時，檸檬的香氣緩緩地擴散開來。
加入檸檬的酸味不但可以消除蛋白獨特的腥味，還能使蛋白霜餅乾愈吃愈順口。
使用綠檸檬，做出香氣和酸味更加濃郁、味道清爽的蛋白霜餅乾。

檸檬蛋白霜餅乾

2cm×3cm貝殼形50個份
作業20分鐘　烘烤時間120分鐘

材料

蛋白　30g
細砂糖　45g
檸檬汁　10g
磨碎的檸檬皮　1個份
糖粉　30g

+ 蛋白冷卻備用。
+ 將烘焙紙鋪在烤盤上。

作法

1 將蛋白、指定分量的細砂糖1撮放入缽盆中，加入檸檬汁、檸檬皮之後，以手持式電動攪拌器打發起泡（a, b）。

2 待攪拌器會在蛋白上留下痕跡之後，將剩餘的細砂糖分成3次加入混合，以高速打發5分鐘左右，直到立起尖角為止，製作出質地細緻的蛋白霜（c, d）。

3 將糖粉一次全部加入，用橡皮刮刀從下方舀起混拌，以免破壞蛋白霜。

4 將蛋白霜填入裝有星形擠花嘴的擠花袋中，在烤盤上等距擠出貝殼形，可依個人喜好撒上檸檬皮。

5 以90度的烤箱烘烤120分鐘，烤到蛋白霜可以用手輕易弄碎時，從烤箱中取出，然後置於網架上放涼。

notes

斜斜地拿著擠花袋，與烤盤呈45度的斜角。由左至右，一點一點地施壓放鬆，同時擠出蛋白霜，待蛋白霜變少時，將擠花嘴貼著烤盤提起，斷開蛋白霜。將烤好的蛋白霜餅乾放入裝有乾燥劑的密封塑膠容器中，可以保存1個月左右。

打發蛋白霜的方法

a
將1撮細砂糖放入蛋白中。

b
加入檸檬汁、檸檬皮之後，以手持式電動攪拌器打發起泡。

c
待攪拌器會在蛋白上留下痕跡之後，加入剩餘的細砂糖，以高速打發起泡。

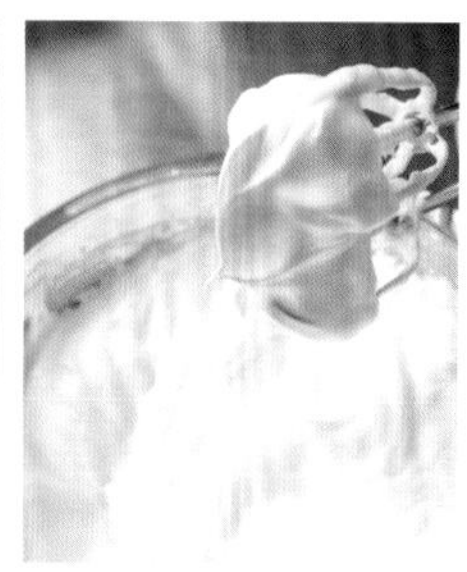

d
打發到呈現光澤，攪拌棒的空隙之間沾滿蛋白霜，且立起尖角的狀態為止。

作法自由自在的擠花餅乾，可以將麵糊擠成自己喜歡的形狀，
試著裝飾檸檬糖霜或白巧克力，或是撒上開心果碎末。
紅茶和檸檬非常對味，在麵糊裡加入紅茶的茶葉和檸檬皮，
當餅乾烤好出爐的瞬間，迸發的香氣棒極了。

檸檬紅茶擠花餅乾

3cm×4cm擠花餅乾15片份
作業20分鐘　烘烤時間15分鐘

材料

◎ 麵糊
- 奶油　50g
- 鹽　1撮
- 糖粉　20g
- 蛋白　15g
- 低筋麵粉　60g
- 伯爵紅茶的茶葉　3g
- 磨碎的檸檬皮　½個份

檸檬糖霜
- 糖粉　80g
- 檸檬汁　15g

開心果　適量

+ 材料全部恢復至常溫。
+ 伯爵紅茶的茶葉以咖啡磨豆機磨碎或是以菜刀切碎，混合已經過篩的低筋麵粉備用。
+ 參照P.26，將指定分量的糖粉和檸檬汁混合，製成帶有光澤的檸檬糖霜備用。
+ 開心果切碎備用。
+ 將烘焙紙鋪在烤盤上。

作法

1 將奶油放入缽盆中，以打蛋器攪拌至變得滑順之後，加入鹽、糖粉混合。

2 將蛋白分成3次加進去，以打蛋器攪拌。

3 將檸檬皮放入預先混合的低筋麵粉和伯爵紅茶的茶葉裡，分成數次加入2中，用橡皮刮刀以切拌的方式混合。

4 混拌至沒有粉粒之後，填入裝有星形擠花嘴的擠花袋中，在烤盤上擠出自己喜歡的形狀。

5 以180度的烤箱烘烤15分鐘左右，直到上色為止，然後置於網架上放涼。

6 將餅乾半邊浸在檸檬糖霜中，然後撒上開心果碎末，讓糖霜凝固。

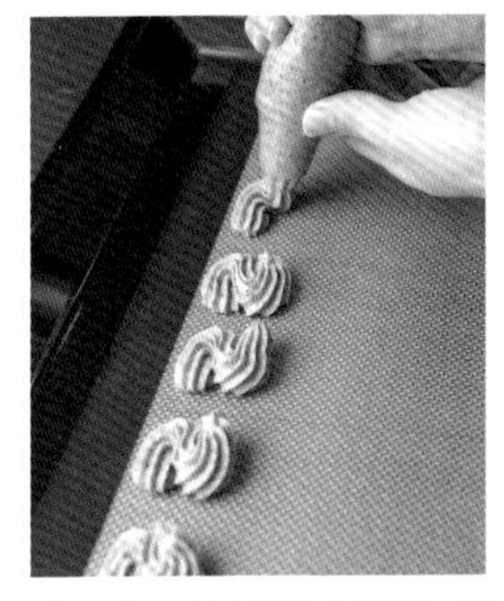

將用手可以握住的分量填入擠花袋中，對著烤盤垂直拿著。以均等力道擠出麵糊，停止施力之後，將擠花嘴與麵糊斷開。

使用整顆檸檬製成的檸檬果醬。
做出酸味、甜味、苦味三者皆達到平衡的果醬。

檸檬果醬

材料　檸檬4個份（完成品約150g）
日本國產檸檬　4個
細砂糖　150g

先將瓶子煮沸消毒5分鐘備用。

作法

1 只削除檸檬的黃色外皮，然後以刀子去除白色的中果皮。

2 將黃色的外皮切成細絲，以滾水燙煮2分鐘左右，然後撈起放在網篩中。

3 搾取檸檬汁，將檸檬籽和果瓣薄膜裝入沖茶袋中。

4 將檸檬皮、檸檬汁、裝在沖茶袋中的檸檬籽和果瓣薄膜放入鍋子裡，加入細砂糖，以中火加熱10分鐘，出現浮沫之後將浮沫撈除。

5 取出沖茶袋，繼續以中火加熱10分鐘左右，煮至變得有點濃稠為止。

6 趁熱裝入已經消毒過的瓶子裡，蓋上瓶蓋，然後將瓶子倒過來放涼。

notes

+ 因為檸檬籽和果瓣薄膜中含有凝固果醬的成分，也就是果膠，所以不要丟棄，將果膠熬煮出來。

+ 可在常溫中保存1個月，開封之後需冷藏保存。

享用檸檬的方式

削下檸檬的黃色外皮，萃取其香氣。
照片左上方是用滾水煮過的檸檬皮。煮過之後用冷水漂洗一下，去除苦味。

香氣 想要做出芳香撲鼻、可以感受到香氣的糕點！

製作糕點時，只要以檸檬刨絲刀削下檸檬的黃色外皮，整個房間就會頓時籠罩在清爽的檸檬香氣之中。在這一瞬間我確信，鎖住這股香氣的糕點必定非常美味。

很久以前，珍貴的檸檬香氣被稱為「難以形容的香氣」，其主要源自於「檸檬烯」及「檸檬醛」。一般認為這2種香氣成分也具有放鬆和排毒的功效，也常用來製造精油、芳香劑、香水。

檸檬烯和檸檬醛存在於果皮表面無數細小的粒狀「油胞」之中。為了破壞油胞，所以用檸檬刨絲刀削皮，取出帶有香氣的油分。

取出香氣的方法

+ 使用香氣濃郁的日本國產無蠟檸檬。
如果買不到的話，請參照P.43，將進口檸檬處理過後再使用。
+ 使用檸檬刨絲刀，只削下外皮的黃色（或綠色）部分，不要削到中果皮的白色部分。
+ 時間一久香氣會氧化，所以要在即將使用之前才削皮，
暫時不用的話，要以保鮮膜等密封起來，冷凍保存。

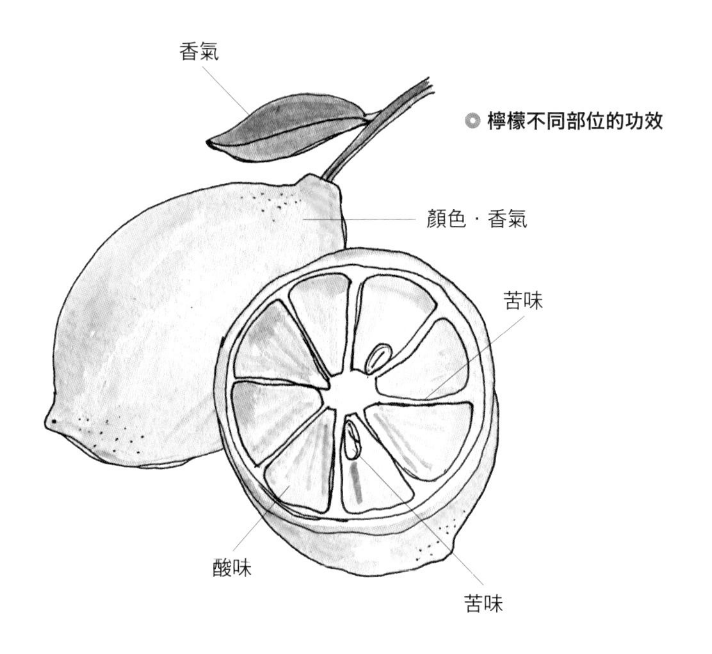

享用檸檬的方式

圓形切片是看起來最像檸檬的切法。
外觀也很可愛，在製作糕點、泡檸檬茶的時候，如果使用的是日本國產無蠟檸檬，
就可以放心地連皮一起享用。

顏色 欣賞顏色的不同

檸檬四季都會開花，一年開花數次。

在日本，5月是檸檬樹大量開花的時節。早的話，約5個月後的10月，就可以從已經變大的果實開始依序採收。在10～11月採收的檸檬是綠檸檬。12月，隨著氣溫變低，果實會變化成黃色。日本國產檸檬之所以有綠色和黃色的差別，是因為收獲時期不一，並不是品種有所不同。請試著去感受季節的更迭，同時欣賞顏色的差異。

綠檸檬

+ 在進入深秋之前所採摘的日本國產檸檬。
+ 盛產期是10～11月。7～9月的溫室檸檬也是以綠色的果實上市。
+ 香氣更濃郁，強烈酸味是其特有的風味。
+ 果皮的綠色是葉綠素的顏色，為了充分利用這個顏色，建議大家用來作為糕點的最後裝飾。
+ 綠檸檬與蘋果或香蕉放在一起時，很快就會變成黃色。

黃檸檬

+ 變成黃色之後所採摘的日本國產檸檬。
+ 冬春之際，從12～次年4月是露天檸檬的盛產期。春夏之際，貯藏的露天檸檬上市。
+ 檸檬一旦成熟，外皮就會變薄，果汁變多，甜度也增加。
+ 果皮的黃色主要來自胡蘿蔔素。適合各種用途。

進口黃檸檬

夏季有智利等地的南半球產檸檬，冬季有美國等地的北半球產檸檬，一整年都買得到，但因為大多塗有防黴劑或是上蠟，所以使用前請先以下列方式處理。

+ 用粗鹽搓洗：放一些鹽在手裡，一邊搓揉檸檬一邊將外皮表面的蠟搓掉。接著用滾水迅速燙一下，再以冷水沖洗乾淨。
+ 用食用小蘇打清洗：將檸檬放入缽盆中，加入1大匙左右的小蘇打，再加入水，浸泡1分鐘左右。以海綿等刷洗外皮，然後以冷水沖洗乾淨。

◎ 日本國產檸檬的全年週期

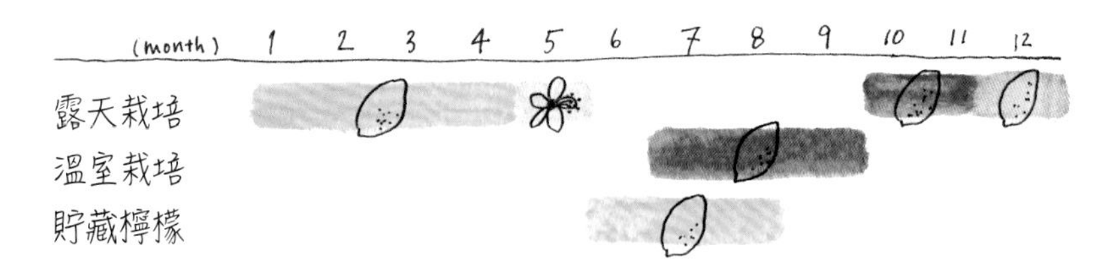

享用檸檬的方式

不要用力摩擦果皮的白色部分，小心輕柔地搾取果汁。
檸檬籽或果渣也要好好地去除乾淨。稍微花點工夫，就可以搾出清澈的果汁。

酸味 酸味溫和的檸檬是解決問題的食材

充分成熟的檸檬，糖度增加，酸味溫和。在製作糕點時，絕對少不了檸檬。
酸味的來源是檸檬酸。檸檬所包含的檸檬酸分量在食品之中名列前茅，一般認為100g的果汁中含有6g檸檬酸。含有檸檬酸的檸檬，具有殺菌作用、有助於消除疲勞，據說也是哥倫布航海時的必備之物。當時船上連冷藏室都沒有，在調理魚或肉類時，檸檬似乎是不可欠缺的食材。
檸檬酸具有螯合作用，已經發表的研究結果顯示，藉由持續攝取檸檬汁可以促進鈣質的吸收。

苦味 會不會做出苦苦的果醬？

檸檬的苦味比其他柑橘類的水果重，這是它的特色。這個苦味存在於檸檬籽、果瓣薄膜，和果皮的白色部分裡，所以在製作檸檬果醬和糖漬檸檬皮的時候，要將這些部分去除。
檸檬的苦味成分「檸檬苦素」被認為具有預防癌症發生，以及抑制中性脂肪增加的功效而受到注目。

去除苦味的方法

將檸檬切成4瓣，搾乾果汁之後放入煮滾的熱水中煮15分鐘，然後取出。
放涼之後，去除檸檬籽和果渣（檸檬籽和果瓣薄膜中含有果膠，所以在製作檸檬果醬時要先取出備用）。
切成容易使用的大小之後，放入大一點的缽盆中，以足量的水浸泡1小時，重複這個作業2次以去除苦味。

享用檸檬的方式

◎ 器具

檸檬刨絲刀：雖然也可以使用磨泥器，但是檸檬刨絲刀即使不施力也可以將檸檬皮刨成細絲，所以建議大家使用。

小刀：如果能準備一支符合檸檬大小的小型刀具，使用起來會很便利。

搾汁器：我喜歡用木製的搾汁器。齒狀部分可以深入檸檬，充分搾出果汁。

一般認為，在年均溫高於15～16度，氣候溫暖且排水良好的海岸地帶斜坡上，檸檬可以生長得很好。墨西哥、阿根廷、西班牙、美國、智利為檸檬的主要產地，在日本，則以廣島縣、愛媛縣、和歌山縣為主要產地。近年來，各地也以「梅爾檸檬（Meyer lemon）」為首，栽培了全新風味的檸檬。

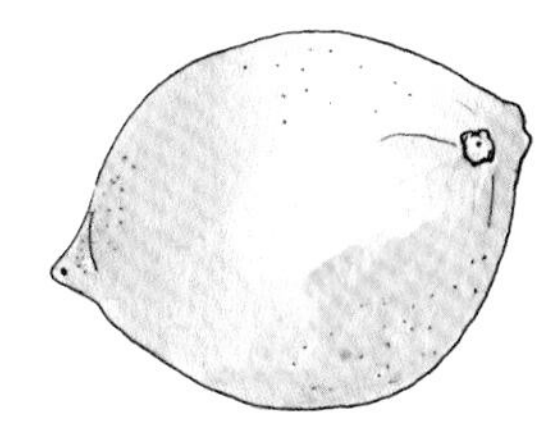

挑選方法和保存方法

美味的檸檬

首先是選擇還帶著蒂頭，且蒂頭沒有乾枯的檸檬。
外皮滑嫩漂亮、顏色均勻、帶有彈性和光澤的檸檬，果汁的含量豐富。
外皮凹凸不平的檸檬，果皮的白色部分較多，果汁也較少。
新鮮度下降的檸檬會變得鬆軟。
摸起來的觸感結實、沉甸甸的檸檬，果汁較多，若果實大小相同不知如何選擇，請挑選有重量的。

代表品種

日本栽培的檸檬主要有「里斯本檸檬」、「優利卡檸檬」、「維拉法蘭卡檸檬」這3個品種。
特有的風味會隨品種不同而有些許差異。
+ 里斯本檸檬：源自葡萄牙，果汁豐富、香氣濃郁的品種。
加州香吉士檸檬以多屬於這個品種而聞名。
+ 優利卡檸檬：類似里斯本檸檬的優良品種。香氣豐富，酸味也很強烈。
+ 維拉法蘭卡檸檬：產自西西里島，果汁多，香氣、酸味均衡。容易種植，也是很受歡迎的家庭栽培用果樹。
+ 熱那亞檸檬：智利產檸檬大多屬於這個品種。籽少，芳香怡人，酸味強勁，果汁含量也很豐富。

保存方法

為了讓香氣更持久，保存的方法也很重要。
+ 放在蔬果室約可保存10天。用紙巾包起來，裝進塑膠袋中保存。
+ 如果放在冷凍室保存的話，要1個個分別用保鮮膜包住，密封起來。可以保存1個月左右。
+ 檸檬皮要裝入密封袋中冷凍保存。已經切成片狀或切開的檸檬，以保鮮膜等密封之後冷凍保存。

檸檬糕點和檸檬形狀的關係

以檸檬糕點來說，熱門關鍵字應該是「檸檬形狀」吧。最近在咖啡館和甜點店看到做成檸檬形狀的檸檬蛋糕。

我從農協那裡得知，由於圓滾滾的橢圓形狀令人印象深刻，所以遠看也認得出是檸檬，然而一旦做成正圓形時，即使是真正的檸檬，大家也不會當它是檸檬。

以前我在自己開設的甜點教室也舉辦過課程，我試著把套入四方形磅蛋糕模具中的「檸檬週末蛋糕」，改為用檸檬形的模具製作之後，突然之間，詢問課程的人變多了，讓我注意到也許受歡迎的祕密終究是這個形狀吧。

事實上，做成檸檬形狀的常溫糕點模具不是最近才製造出來的，而是很早以前就有的東西。像日本的鯛魚燒等，以物體形狀做成的金屬模具來烘烤糕點，是自古以來就有的文化。

然後，以各種水果形狀的矽膠模具製作而成的甜點，目前在全世界蔚為風潮。在這股潮流之中，重新認識日本使用古老技術做成的金屬製檸檬模具，或許與現今檸檬蛋糕廣受歡迎有關吧。

做成檸檬形狀的常溫糕點，讓人有點懷念，而且在家中也能輕鬆製作，令人想要一個接一個地享用。檸檬形狀的金屬模具也許能以日本為出發點，傳播到全世界。

用檸檬製作的常溫糕點

令人有一種說不出的懷念、檸檬形狀很可愛的蛋糕，加入了大量檸檬皮，香氣誘人，
小小的檸檬蛋糕，質地膨鬆濕潤，是可以永久留傳的配方。相同的麵糊也可以用磅蛋糕模具烘烤。

檸檬小蛋糕

9㎝×6.5㎝檸檬模具6個份
作業30分鐘　烘烤時間20分鐘

材料

◎ 磅蛋糕麵糊
- 奶油　60g
- 酸奶油　15g
- 水麥芽　5g
- 磨碎的檸檬皮　1個份
- 檸檬汁　5g
- 全蛋　75g
- 細砂糖　75g
- ◆低筋麵粉　45g
- ◆玉米粉　27g
- ◆泡打粉　3g

檸檬糖霜
- 糖粉　80g
- 檸檬汁　15g

開心果　適量

+ 材料恢復至常溫備用。
+ 參照P.26，將指定分量的糖粉與檸檬汁混合，製成帶有光澤的檸檬糖霜備用。
+ 用刷子把髮蠟狀的奶油塗抹在模具內，撒上高筋麵粉，再將多餘的麵粉拍落。
+ 開心果細細切碎。

作法

1 參照P.52，製作磅蛋糕麵糊。

2 將麵糊倒入模具中至8分滿，以170度的烤箱烘烤20分鐘，烤至蛋糕體的正中央充滿彈性，插入竹籤時不會沾黏麵糊為止。

3 脫模之後置於網架上放涼，再以刷子塗抹檸檬糖霜，撒上開心果，讓檸檬糖霜凝固。

notes

這次以檸檬糖霜披覆在上面，做出充分利用檸檬酸味的蛋糕。如果改以融化的白巧克力取代檸檬糖霜，就會成為味道醇厚的檸檬蛋糕。

將麵糊倒入模具中至8分滿，烘烤時就不會過度膨脹，可以烤出漂亮的檸檬形狀。

磅蛋糕麵糊的作法

製作重點在於仔細地把蛋打發起泡之後，與粉類充分地混合至出現光澤為止

1 將奶油、酸奶油、水麥芽、檸檬皮、檸檬汁放入缽盆中，隔水加熱融化備用。

notes

加入酸奶油能使蛋糕體質地濕潤、味道香醇。

2 將全蛋放入另一個缽盆中打散成蛋液，加入細砂糖之後隔水加熱，一邊加熱至略高於體溫的溫度，一邊以打蛋器攪拌。

3 將缽盆從熱水中移開，用手持式電動攪拌器以高速打發，攪拌至將蛋液舀起時會滴落成緞帶狀，最後以低速慢慢攪拌1分鐘左右，將質地調整均勻。

4 將1淋在橡皮刮刀上，分成2次加入蛋液中，每次加入時都要用橡皮刮刀從下方舀起翻拌，直到奶油的痕跡消失為止。

5 將粉類 ◆ 分成4、5次加入，用橡皮刮刀從下方舀起翻拌，直到麵糊出現光澤為止，然後靜置在冷藏室中直到麵糊冷卻。

在巴黎的巧克力專賣店吃到的，外層沾裹巧克力的糖漬檸檬皮「Citronette」。
檸檬的微苦和巧克力的甜味取得絕妙均衡的巧克力點心。

巧克力糖漬檸檬皮

容易製作的分量

作業30分鐘

材料

沾裹用巧克力

（白巧克力、黑巧克力） 各200g

糖漬檸檬皮（P.68） 約100g

+ 糖漬檸檬皮瀝乾水分之後，放在網架上晾乾備用。

作法

1 將沾裹用的白巧克力、黑巧克力分別放入不同的缽盆中，各自隔水加熱融化。

2 將糖漬檸檬皮⅔的部分放入加熱至30度的沾裹用巧克力之中，快速浸一下就拿起來，讓多餘的巧克力滴落，然後放在烘焙紙上晾乾。

notes

如果巧克力不會凝固的話，就放入冷藏室中。

在加進大量巧克力、質地濕潤的巧克力蛋糕麵糊中，拌入了糖漬檸檬皮，
然後倒入阿爾薩斯地區的鄉土糕點咕咕霍夫的模具中烘烤而成。

糖漬檸檬皮巧克力咕咕霍夫蛋糕

18㎝咕咕霍夫模具1模份
作業40分鐘　烘烤時間50分鐘

材料

◎ 麵糊

黑巧克力
（可可脂含量66%）　170g
奶油　140g
蛋黃　60g
細砂糖　70g
杏仁粉　80g
蛋白霜
蛋白　100g
細砂糖　70g
◆可可粉　20g
◆低筋麵粉　15g
糖漬檸檬皮（P.68）　90g

黑巧克力
（可可脂含量66%）　100g
糖漬檸檬皮（P.68）　適量

+ 可可粉和低筋麵粉混合過篩備用。
+ 要加進麵糊中的糖漬檸檬皮切成1㎝的小丁。
+ 用刷子把髮蠟狀的奶油塗抹在模具內，撒上高筋麵粉，再將多餘的麵粉拍落。

作法

1 將巧克力和奶油放入缽盆中，隔水加熱使之融化。
2 將蛋黃、細砂糖放入另一個缽盆中，以打蛋器研磨攪拌至顏色泛白為止。
3 將1的巧克力和奶油、杏仁粉加入2之中，以打蛋器研磨攪拌。
4 參照P.35，製作帶有光澤、立起尖角的蛋白霜。
5 將⅓的蛋白霜加入3的缽盆中，用橡皮刮刀從下方舀起翻拌，再依照順序加入粉類◆、剩餘的蛋白霜，每次加入時都要攪拌至出現光澤為止。
6 糖漬檸檬皮也加進去攪拌。
7 將麵糊倒入模具中至8分滿，以160度的烤箱烘烤50分鐘，烤至蛋糕體充滿彈性為止，脫模之後置於網架上放涼。
8 將巧克力融化之後，澆淋在蛋糕體上方，再以切碎的糖漬檸檬皮裝飾。

notes

將蛋白霜充分打發，只要攪拌至麵糊飽含空氣，就能做出濕潤又輕盈的口感。

這個薰衣草檸檬磅蛋糕是以黃色的房舍櫛比鱗次的檸檬產地——
南法的芒通為構想製作而成。
使用薰衣草蜂蜜能使香氣更為豐富，與檸檬是絕佳拍檔。

薰衣草檸檬磅蛋糕

18㎝×8.5㎝×5.5㎝磅蛋糕模具1模份
作業30分鐘　烘烤時間40分鐘

材料

◎ 磅蛋糕麵糊
- 奶油　105g
- 細砂糖　90g
- 磨碎的檸檬皮　1個份
- 蜂蜜　40g
- 全蛋　100g
- 檸檬汁　15g
- ◆低筋麵粉　80g
- ◆玉米粉　25g
- ◆泡打粉　4g

檸檬糖霜
- 糖粉　80g
- 檸檬汁　15g

食用薰衣草　適量
糖漬檸檬皮（P.68）　適量

+ 材料恢復至常溫。
+ 參照P.26，將指定分量的糖粉與檸檬汁混合，製成帶有光澤的檸檬糖霜備用。
+ 用刷子把髮蠟狀的奶油塗抹在模具內，撒上高筋麵粉，再將多餘的麵粉拍落。

作法

1 將奶油放入缽盆中，以手持式電動攪拌器攪拌至出現光澤為止。
2 將細砂糖分成2次加入，再加入檸檬皮、蜂蜜，每次加入時都要充分攪拌。
3 將全蛋和檸檬汁混合，分成6次加入 2 之中，每次加入時都要充分攪拌至出現光澤為止。
4 將粉類◆分成3次加入 3 之中，改用橡皮刮刀，從下方舀起翻拌至出現光澤之後，將麵糊倒入模具中至8分滿。
5 以170度的烤箱烘烤40分鐘，烤至將竹籤插入蛋糕體的正中央時不會沾黏麵糊為止，脫模之後置於網架上放涼。
6 以刷子將檸檬糖霜塗抹在已經冷卻的整個磅蛋糕上，撒上薰衣草，再放上切成小段的糖漬檸檬皮。
7 放入200度的烤箱烘烤3分鐘，將糖霜烤乾。

做成貝殼形狀的常溫糕點瑪德蓮，是法國洛林地區科梅爾西的鄉土糕點。
參訪科梅爾西的瑪德蓮工廠時，可以看到瑪德蓮製程中加入大量蜂蜜的情況。
我在這個食譜中另外添加了檸檬凝乳，製作出蜂蜜檸檬瑪德蓮蛋糕。

蜂蜜檸檬瑪德蓮蛋糕

8㎝×5㎝瑪德蓮蛋糕模具15個份
作業20分鐘　烘烤時間15分鐘

材料

◎ 瑪德蓮麵糊
- 奶油　100g
- 蜂蜜　30g
- 牛奶　30g
- 全蛋　1又½個
- 細砂糖　70g
- 磨碎的檸檬皮　½個份
- 香草精　少許
- ◆低筋麵粉　100g
- ◆泡打粉　5g

檸檬凝乳（P.12）　50g
防潮糖粉　適量

＋ 用刷子把髮蠟狀的奶油塗抹在模具內，撒上高筋麵粉，再將多餘的麵粉拍落。

作法

1 將奶油、蜂蜜、牛奶放入缽盆中，隔水加熱融化。
2 將全蛋放入另一個缽盆中，以打蛋器攪拌之後，加入細砂糖、檸檬皮、香草精攪拌。
3 將粉類◆一次加入蛋液中攪拌。
4 將1一點一點地加入3的缽盆中，使用打蛋器，以畫圓圈的方式充分攪拌。
5 放在冷藏室冷卻至麵糊變冷為止。
6 將麵糊倒入模具中至8分滿，以170度的烤箱烘烤15分鐘。烘烤至蛋糕體的中央膨脹隆起，按壓時充滿彈性為止，脫模之後置於網架上放涼。
7 將小湯匙插入蛋糕體膨脹起來的部分，挖個洞，然後以裝有圓形擠花嘴的擠花袋將檸檬凝乳擠入洞中，最後撒上糖粉。

notes

巴黎麗茲飯店的下午茶，會在一開始端上浸泡於牛奶中的瑪德蓮蛋糕，可以品嘗到普魯斯特的小說中所描寫的瑪德蓮蛋糕。

這款為英國的維多利亞女王所製作的奶油蛋糕。
原本中間的夾餡是覆盆子果醬和鮮奶油，
但我改以質地濕潤的奶油蛋糕夾住檸檬凝乳和覆盆子，做成酸味更明顯的蛋糕。

檸檬凝乳維多利亞蛋糕

15cm圓形模具1模份
作業30分鐘　烘烤時間50分鐘

材料

- 奶油蛋糕麵糊
  - 奶油　120g
  - 糖粉　150g
  - 全蛋　150g
  - 鮮奶油　30g
  - ◆低筋麵粉　100g
  - ◆玉米粉　50g
  - ◆泡打粉　5g

檸檬凝乳（P.12）　100g
新鮮覆盆子　10顆
防潮糖粉　適量

+ 材料恢復至常溫備用。
+ 粉類◆過篩之後混合備用。
+ 覆盆子切成一半。
+ 模具的底部鋪上紙，然後用刷子把髮蠟狀的奶油塗抹在模具內側，撒上高筋麵粉，再將多餘的麵粉拍落。

作法

1 將奶油放入缽盆中，以手持式電動攪拌器攪拌至滑順。
2 將糖粉分成3、4次加入，攪拌均勻。
3 將全蛋和鮮奶油混合之後，分成6次加入**2**之中，每次加入時都要攪拌至出現光澤。
4 將粉類◆分成3次加入**3**之中，用橡皮刮刀從下方舀起翻拌，每次都要翻拌至出現光澤為止。
5 將麵糊倒入模具中至8分滿，以170度的烤箱烘烤50分鐘，烤至蛋糕體的正中央充滿彈性，脫模之後置於網架上放涼。
6 將冷卻的蛋糕體橫切一半，在下層的切面上塗滿檸檬凝乳，上面擺放覆盆子，再把上層的蛋糕片放上去，夾起來。
7 在蛋糕的頂部撒滿防潮糖粉。

notes

因為以鮮奶油取代部分奶油，所以即使過了一段時間還是可以做出質地濕潤的蛋糕體。由於這是含有大量水分的配方，所以每次都要充分攪拌至出現光澤為止，如果產生即將油水分離的狀態，可以先加入部分的粉類，讓麵糊質地穩定下來。

檸檬與帶有酸味的莓果相當對味。藍莓杯子蛋糕中暗藏著檸檬凝乳，
再擠上醇厚的馬斯卡彭鮮奶油霜，就成了想要當成贈禮的可愛杯子蛋糕。

檸檬馬斯卡彭鮮奶油霜杯子蛋糕

直徑6cm×高4cm馬芬模具12個份
作業40分鐘　烘烤時間20分鐘

材料

◎ 麵糊
- 奶油　100g
- 鹽　1撮
- 細砂糖　140g
- 全蛋　100g
- 牛奶　120g
- ◆低筋麵粉　180g
- ◆泡打粉　5g
- 藍莓　24顆

檸檬凝乳（P.12）　60g
馬斯卡彭鮮奶油霜
- 鮮奶油　150g
- 細砂糖　30g
- 馬斯卡彭乳酪　150g

磨碎的檸檬皮　適量
藍莓　24顆

＋材料恢復至常溫備用。
＋將蛋糕紙杯放入馬芬模具中。

作法

1 將奶油、鹽放入缽盆中，以手持式電動攪拌器攪拌之後，將細砂糖分成2次加入混合。
2 將全蛋分成4次加入，每次加入時都要攪拌至出現光澤。
3 將牛奶和粉類◆各分成3次交替加入，每次加入時，都要用橡皮刮刀從下方舀起翻拌至出現光澤。
4 將麵糊倒入模具中至7分滿，撒上藍莓，以170度的烤箱烘烤20分鐘，然後置於網架上放涼。
5 在杯子蛋糕的正中央挖出2cm左右的凹洞，擠入檸檬凝乳。
6 製作馬斯卡彭鮮奶油霜，完成後填入裝有星形擠花嘴的擠花袋中，擠在杯子蛋糕上，頂端以檸檬皮和藍莓裝飾。

notes

在杯子蛋糕完成後的隔天才享用，整體的味道會更加融合，非常美味。建議大家也可以用檸檬鮮奶油霜（P.77）裝飾。

馬斯卡彭鮮奶油霜

將缽盆墊著冰水，在缽盆中放入指定分量的鮮奶油、細砂糖，以及已經攪拌得很滑順的馬斯卡彭乳酪，以手持式電動攪拌器打至8分發即完成。

甜味溫和的白巧克力布朗尼搭配檸檬和覆盆子的雙重酸味，完成了這道清爽的甜點。
以檸檬糖霜描畫的線條拍起照來特別好看。

檸檬覆盆子白巧克力布朗尼

18cm正方形布朗尼模具1模份

作業20分鐘　烘烤時間30分鐘

材料

◎麵糊

- 白巧克力　150g
- 奶油　85g
- 鮮奶油　30g
- 細砂糖　75g
- 磨碎的檸檬皮　2個份
- 全蛋　100g
- 低筋麵粉　75g
- 冷凍覆盆子　20顆

檸檬糖霜

- 糖粉　80g
- 檸檬汁　15g

＋將烘焙紙鋪在模具中。

＋參照P.26，將指定分量的糖粉與檸檬汁混合，製成帶有光澤的檸檬糖霜備用。

作法

1 將白巧克力和奶油放入缽盆中，隔水加熱使之融化。

2 加入鮮奶油，以打蛋器研磨攪拌。

3 將細砂糖、檸檬皮一次加入，以打蛋器攪拌至變得滑順之後，將全蛋分成3次加入混合。

4 加入低筋麵粉攪拌，然後將麵糊全部倒入模具中，再撒上覆盆子。

5 以170度的烤箱烘烤30分鐘，然後置於網架上放涼。

6 使用湯匙像畫線一樣淋上檸檬糖霜，待檸檬糖霜凝固之後，切成自己想要的大小。

notes

搭配帶有酸味的杏桃乾也很美味。雖然也可以用磅蛋糕模具或矽膠模具取代布朗尼模具，但是蛋糕體太厚的話會烤不熟，所以倒入的麵糊厚度不要超過2cm左右。

英國的常溫糕點司康，附上檸檬凝乳取代凝脂奶油，變成清爽的味道。

檸檬藍莓司康

4.5cm圓形模具12個份

作業20分鐘　烘烤時間15分鐘

材料

◎ 麵團

- ◆低筋麵粉　250g
- ◆泡打粉　15g
- 奶油　50g
- 細砂糖　30g
- 磨碎的檸檬皮　1個份
- 全蛋　50g
- 牛奶　45g
- 酸奶油　50g
- 藍莓　20顆

增添光澤的蛋液

- 蛋　1個
- 牛奶　10g

頂飾砂糖　適量

檸檬凝乳（P.12）　適量

＋ 粉類◆混合過篩備用。

＋ 奶油切成1cm小丁，放在冷藏室中冷卻備用。

＋ 增添光澤的蛋液是混合蛋和牛奶之後，充分攪拌而成。

作法

1 將粉類◆、奶油、細砂糖、檸檬皮放入食物調理機中，攪打至奶油塊消失為止。

2 移入缽盆中，加入全蛋、牛奶、酸奶油攪拌，再加入藍莓，然後聚集成一團。

3 以擀麵棍擀成3cm的厚度，然後以壓模壓出形狀。

4 將壓出形狀的麵團等距排列在烤盤上，用刷子塗抹增添光澤的蛋液，然後撒上頂飾砂糖。

5 以180度的烤箱烘烤15分鐘，烤至出現淡淡的烤色，然後置於網架上放涼。附上檸檬凝乳。

notes

揉捏麵團的話會做出口感偏硬的司康。以輕柔包覆的方式聚集成一團。

善加利用檸檬苦味的糖漬檸檬皮。
可以拌入磅蛋糕麵糊之中，或是用來當做頂飾配料。

糖漬檸檬皮

材料　檸檬5個份（完成品約400g）
日本國產檸檬的果皮　5個份
細砂糖　與檸檬皮同等分量
水　檸檬皮的3倍分量
檸檬汁　40g

將瓶子煮沸消毒5分鐘備用。

作法

1 檸檬用水洗淨之後，去除蒂頭，再切成4瓣。
2 擠出果汁，取40g備用。
3 將已經擠出果汁的檸檬放入煮沸的滾水中，煮15分鐘之後取出，放涼之後去除果渣和果囊薄膜。
+ 在這個時間點計量果皮的重量，確定細砂糖、水的分量。
4 將檸檬皮切成5mm寬的細絲，放入大一點的缽盆裡，泡水1小時左右，去除苦味。這個作業要重複進行2次。
5 將水和半量細砂糖放入鍋子中煮沸，再放入瀝乾水分的檸檬皮，以中火煮約15分鐘之後熄火，就這樣放置一個晚上。
6 隔天，連同煮汁開火加熱，煮沸之後加入剩餘的細砂糖，以中火煮約15分鐘。
7 加入2的檸檬汁，以小火熬煮。
8 以刮刀攪拌，待水分蒸發至鍋底可以劃出線條的程度，即可移入瓶子中放涼。

notes

+ 如果水分過度蒸發，會做出乾硬的糖漬檸檬皮，所以要先保留一些水分。
+ 可在冷藏室中保存1星期，沒有要立即使用的話，就放入冷凍室保存。

神聖的水果「佛手柑」

古代將檸檬視為神聖的果實，是很珍貴的東西。古人常將檸檬描繪在圖畫中，作為各種宗教的圖騰，或是繁榮的象徵。

在中國，檸檬的變種「佛手柑」在佛教徒間廣為流傳。

這種果實的末端分裂成長條狀，宛如好幾根手指，手指部分聚攏起來的樣子形似合掌，因而命名為「佛手柑」，據說它的香氣能召喚幸福。

我第一次看到佛手柑是在越南旅行，參訪法國人經營的巧克力專賣店時。

參訪這家店的原因是可以透過玻璃窗觀看從可可豆到巧克力，再到製成蛋糕，這個所謂bean to bar的作業過程，而當時這個「佛手柑」就放置在蛋糕製作現場。

雖然是像檸檬一樣的黃色水果，但是它的末端卻分裂成好幾根粗糙的長條，我盯著它，心想「這到底是什麼呢？」此時，透過玻璃窗與我四目相對的甜點師傅從廚房走了出來，告訴我這是「佛手柑」。

另外還有一次，偶然間從曾經在巴黎的同家店共事的甜點師傅那裡得知，法文稱這樣食材為「La Main de Bouddha（佛陀的手）」，它是檸檬的變種「佛手柑」。

聽說這種水果的果肉不怎麼好吃，但是香氣卻非常芬芳，還有人告訴我，可以削下它的皮放進乳酪蛋糕裡。

神聖的果實在現代也牽繫著各種不同的飲食文化，隨之發展開來。

用檸檬製作的宴客甜點

這個蛋糕源起於我留學法國時，在巴黎的小公寓裡為友人製作的蛋糕。
只需將檸檬塔的塔皮換成海綿蛋糕就可以完成，是最適合喜慶場合的奶油蛋糕。

檸檬凝乳和蛋白霜的奶油蛋糕

15cm圓形模具1模份
作業60分鐘　烘烤時間30分鐘

材料

◎ 海綿蛋糕麵糊
- 奶油　20g
- 牛奶　30g
- 全蛋　120g
- 細砂糖　90g
- 低筋麵粉　90g

檸檬凝乳（P.12）　150g
義大利蛋白霜

+ 義大利蛋白霜準備與P.18相同的分量。
+ 材料恢復至常溫備用。
+ 模具的底部鋪上紙，然後用刷子把髮蠟狀的奶油塗抹在模具內側，撒上高筋麵粉，再將多餘的麵粉拍落。

作法

1 參照P.74-75，製作海綿蛋糕。

◎ 組合

2 將海綿蛋糕橫切成3片。
3 將1片海綿蛋糕放置在蛋糕旋轉台上，然後以抹刀將半量的檸檬凝乳滿滿地塗抹在海綿蛋糕上。
4 疊上另1片海綿蛋糕，將剩餘的檸檬凝乳同樣地塗抹在上面，再疊上剩餘的1片，共3層。
5 將義大利蛋白霜覆蓋於蛋糕整體，然後以湯匙抹出紋路。
6 以230度的烤箱烘烤約5分鐘，烤上色。

notes

過度碰觸蛋白霜的話會破壞氣泡，所以使用湯匙輕柔地抹出紋路。

利用單一裝飾方式，讓蛋糕呈現截然不同的樣貌。以馬斯卡彭鮮奶油霜或檸檬鮮奶油霜來裝飾也good。

海綿蛋糕麵糊的作法

製作重點在於充分把蛋打發之後，以不會破壞氣泡的方式加入其他材料

1 將奶油和牛奶放入缽盆中，隔水加熱備用。

2 在另一個缽盆中將全蛋打散成蛋液，加入細砂糖之後隔水加熱，一邊以打蛋器攪拌一邊加熱至略高於體溫的溫度。

notes

為了順利打發起泡，以隔水加熱的方式讓蛋液變溫熱。

3 將缽盆從熱水中移開，然後使用手持式電動攪拌器以畫圓的方式高速攪拌5分鐘左右，最後改以低速慢慢攪拌2分鐘左右，調整質地。

notes

打發至攪拌棒的空隙之間沾滿蛋糊，而且拉起時會呈緞帶狀流下來為止。

4 將低筋麵粉分成2次加入，用橡皮刮刀從下方舀起翻拌至麵糊出現光澤。

5 將少量的4加入1的缽盆中，以橡皮刮刀攪拌至均勻為止。

notes

先將部分麵糊與奶油加在一起，可以避免破壞全體的氣泡，進而順利地混合全部的麵糊和奶油。

6 將5倒入4的缽盆中，以橡皮刮刀大幅度翻拌。

烘烤方式

7 倒入模具中至8分滿，以160度的烤箱烘烤30分鐘。

notes

烘烤至按壓蛋糕體時呈現充滿彈性的狀態為止。

8 脫模之後取下底部的紙，然後置於網架上放涼。

將檸檬凝乳和檸檬鮮奶油霜包捲在口感酥脆的彼士裘依蛋糕中，做成口味清爽的蛋糕卷。

檸檬蛋糕卷

28cm蛋糕卷1條份
（28cm正方形烤盤1片份）
作業60分鐘　烘烤時間10分鐘

材料

◎彼士裘依蛋糕麵糊
- 蛋黃　55g
- 細砂糖　30g
- 蛋白霜
  - 蛋白　115g
  - 細砂糖　55g
- 低筋麵粉　80g

糖粉　適量

檸檬鮮奶油霜
- 鮮奶油　200g
- 細砂糖　20g
- 磨碎的檸檬皮　1個份

加入明膠的檸檬凝乳
- 檸檬凝乳（P.12）　50g
- 明膠粉　0.5g
- 冷水　3g

防潮糖粉　適量

+ 材料恢復至常溫備用。
+ 參照P.89，將已經用冷水泡脹的明膠粉加熱，混入檸檬凝乳中備用。
+ 將烘焙紙鋪在烤盤上。

作法

1 參照P.78-79，製作彼士裘依蛋糕。

◎組合

2 將彼士裘依蛋糕有烤色的那面朝下，鋪在烘焙紙上，然後在內側劃入切痕（a）。

3 塗滿檸檬鮮奶油霜（b），然後在近身側的¼處，擠出1條加入明膠的檸檬凝乳（c）。

4 從近身側連同烘焙紙一起拿起來，一邊往前推壓一邊捲成筒狀（d-g）。

5 放在冷藏室中冷卻凝固，撒上防潮糖粉就完成了。

檸檬鮮奶油霜

缽盆底下墊著冰水，將指定分量的鮮奶油、細砂糖、檸檬皮放入缽盆中，打至8分發。

鮮奶油霜的硬度要打發至舀起來的時候，會黏稠地流入缽盆中，且鮮奶油霜的紋路會慢慢地消失。

組合的方式

要捲成筒狀時，一邊將烘焙紙往前推壓一邊捲起來，就可以捲出漂亮的蛋糕卷。

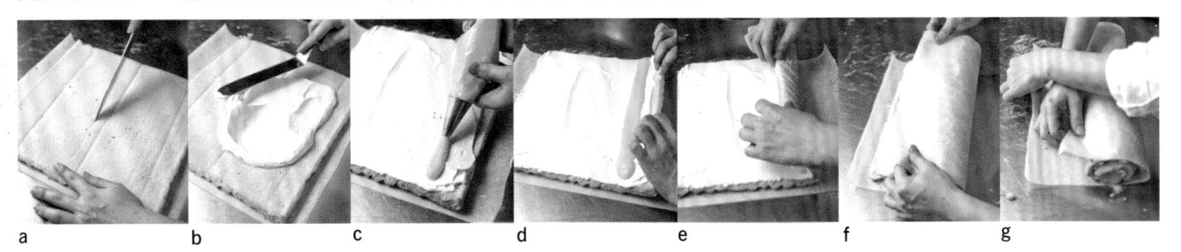

a　b　c　d　e　f　g

彼士裘依蛋糕麵糊的作法

製作重點在於把蛋白打發至偏硬
之後與蛋黃混合，大幅度地翻拌以免破壞蛋白霜的氣泡

1 將蛋黃、細砂糖放入缽盆中，以打蛋器研磨攪拌至顏色泛白，且滑潤黏稠為止。

2 取另一個缽盆製作偏硬的蛋白霜。
→蛋白霜的作法參照P.35。

3
將1一口氣加入2之中，
用橡皮刮刀從下方舀起
大幅度地翻拌。

notes
當質地達到以橡皮刮刀舀起，麵糊也不會往下掉的程度時，即可停止混拌。

4 混拌7成左右之後，將低筋麵粉分成2次加入，從下方舀起大幅度地翻拌，直到粉粒消失為止。

烘烤的方法

1 將口徑1cm的圓形擠花嘴裝在擠花袋上，倒入麵糊。

notes

將擠花袋放入廣口容器中，讓麵糊以垂落的方式倒入擠花袋中，就不會壓壞氣泡。

2 將擠花袋朝移動的方向傾斜45度，以均等力道逐條擠出麵糊。

3 篩撒2次糖粉。

notes

篩撒第1次之後靜置3分鐘左右，再篩撒第2次。可以做出酥脆的口感，還可以防止蛋糕體產生裂痕。

4

以200度的烤箱烘烤10分鐘，烤到變成金黃色，從烤盤中取出之後，置於網架上放涼。

檸檬的清爽滋味在口中擴散，鬆軟輕柔的舒芙蕾。
適合一出爐就立即享用的溫熱甜點。

檸檬舒芙蕾

直徑9㎝×高5㎝小烤盅4個份
作業30分鐘　烘烤時間15分鐘

材料

◎麵糊

- 蛋黃　120g
- 細砂糖　40g
- 低筋麵粉　5g
- 牛奶　180g
- 磨碎的檸檬皮　1個份
- 檸檬汁　10g
- 蛋白霜
  - 蛋白　65g
  - 細砂糖　25g

糖粉　適量

＋在小烤盅的內側塗上大量奶油，撒上細砂糖備用。

作法

1 將蛋黃放入缽盆中，加入40g的細砂糖，以打蛋器攪拌，然後把低筋麵粉也加進去攪拌。

2 將牛奶、檸檬皮、檸檬汁倒入鍋子中，煮沸。

3 將2一點一點地加入1之中攪拌，放涼。

4 參照P.35，製作出帶有光澤、立起尖角的蛋白霜。

5 將3分成2次加入蛋白霜的缽盆中，用打蛋器大幅度地翻拌以免破壞蛋白霜的氣泡，然後將麵糊倒滿至小烤盅的邊緣。

6 以180度的烤箱烘烤15分鐘，烤至均勻上色為止，然後撒上糖粉，趁熱享用。

notes

在小烤盅的邊緣部分多塗一點奶油，舒芙蕾就能漂亮地膨脹起來。

旅遊羅馬的時候，住在當地的友人帶我去了一家乳酪店，我在那裡發現了
味道清淡、容易入口的瑞可塔乳酪蛋糕。
這次使用以檸檬做成的瑞可塔乳酪製作出烤乳酪蛋糕。

檸檬瑞可塔烤乳酪蛋糕

15㎝圓形模具（底部可卸式）1模份
作業30分鐘
烘烤時間50分鐘（冷卻時間除外）

材料

◎ 餅乾底

消化餅乾　60g
融化的奶油　40g

◎ 餡料

檸檬瑞可塔乳酪　200g
酸奶油　100g
磨碎的檸檬皮　½個份
細砂糖　80g
蛋黃　20g
全蛋　50g
鮮奶油（乳脂肪含量45%）　30g
檸檬汁　15g
低筋麵粉　10g

＋ 在模具內側塗油，將烘焙紙鋪在底部。側面也鋪上烘焙紙，並且以鋁箔紙包覆模具外側的下半部。

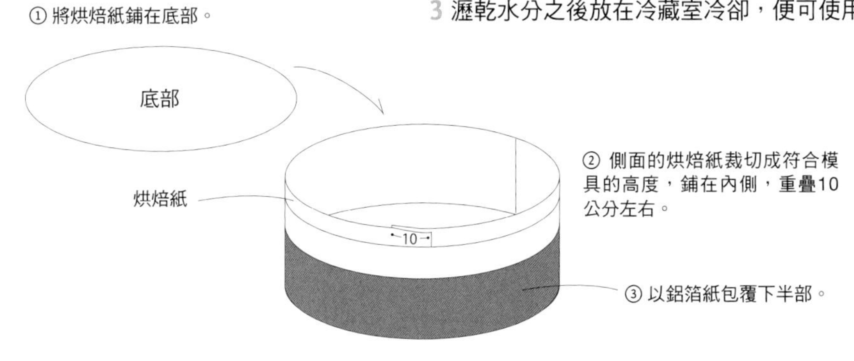

作法

◎ 餅乾底

1 將消化餅乾和融化的奶油放入食物調理機中攪打成粉狀，用湯匙按壓，將餅乾粉鋪滿整個模具底部。

◎ 餡料

2 依照順序將檸檬瑞可塔乳酪、酸奶油、檸檬皮、細砂糖、蛋黃、全蛋放入缽盆中，以打蛋器充分攪拌均勻。
3 將鮮奶油、檸檬汁也加進去，攪拌至沒有結塊為止。
4 加入低筋麵粉，以橡皮刮刀大幅度地翻拌。
5 倒入模具中，以170度的烤箱烘烤50分鐘，直到蛋糕體充滿彈性為止，然後置於網架上放涼。
6 連同模具直接放在冷藏室3小時以上，完全冷卻之後脫模，取下烘焙紙。

檸檬瑞可塔乳酪

瑞可塔譯自義大利文「ricotta」，意思是「再煮一次」。這是在家中也能簡單完成的新鮮乳酪。

材料　200g份
牛奶　1ℓ
鮮奶油（乳脂肪含量45%）　100㎖
檸檬汁　45㎖
鹽　少許

1 將牛奶、鮮奶油、少許的鹽放入鍋子中，以中火加熱至快要沸騰時，加入檸檬汁，改為小火，慢慢地攪拌。
2 煮1分鐘，待白色的乳酪部分和黃色的液狀乳清分離之後，倒入鋪著紗布的網篩中過濾。
3 瀝乾水分之後放在冷藏室冷卻，便可使用剛做好的乳酪了。

像今川燒一樣的達克瓦茲，其實它的形狀源自日本的西點店。
烤好之後放置1天，會比剛烤好時更能享受到檸檬凝乳和餅皮融合的滋味。

檸檬達克瓦茲

7cm×4.5cm達克瓦茲模具8個份
作業60分鐘　烘烤時間15分鐘

材料

◎ 達克瓦茲麵糊
- 蛋白霜
  - 蛋白　100g
  - 細砂糖　30g
- a
  - 杏仁粉　60g
  - 低筋麵粉　10g
  - 糖粉　60g
  - 磨碎的檸檬皮　½個份

糖粉　適量

加入明膠的檸檬凝乳
- 檸檬凝乳（P.12）　100g
- 明膠粉　1g
- 冷水　6g

＋ 把a混合過篩2次。
＋ 參照P.89，將已經用冷水泡脹的明膠粉加熱，混入檸檬凝乳中備用。
＋ 將烘焙紙鋪在烤盤上，再擺上達克瓦茲模具。

作法

◎ 達克瓦茲麵糊

1 參照P.35，製作出帶有光澤、立起尖角的蛋白霜。
2 將a分成3次加入蛋白霜的缽盆中，用橡皮刮刀從下方大幅度地舀起翻拌，以免破壞氣泡。翻拌至以橡皮刮刀舀起之後，麵糊也不會往下掉的狀態，即可停止。
3 將麵糊填入裝有1cm圓形擠花嘴的擠花袋中，滿滿地擠入達克瓦茲模具裡，用抹刀刮平麵糊之後，拿掉模具。
4 篩撒2次糖粉。
5 以180度的烤箱烘烤15分鐘，烤到變成金黃色為止，然後置於網架上放涼。

◎ 組合

6 以2片為1組，在其中1片擠上10g加入明膠的檸檬凝乳，再以另1片夾起來。

notes

達克瓦茲專用的模具稱為「Dacquoise Mold」。將麵糊擠入模具裡，然後拿掉模具，就會出現橢圓形的麵糊。

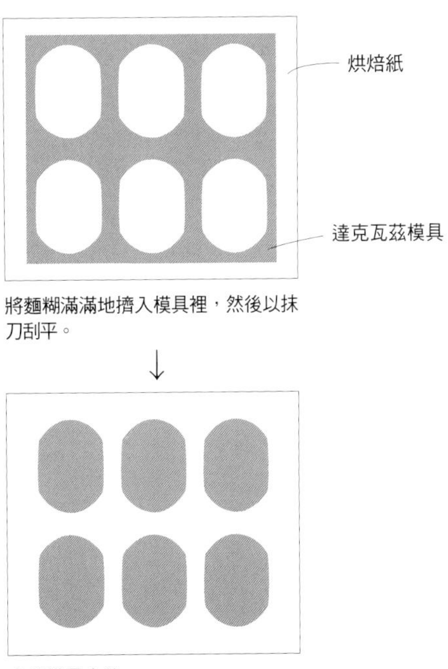

將麵糊滿滿地擠入模具裡，然後以抹刀刮平。
↓
拿掉模具之後。

清爽的慕斯是在特別的晚宴日尾聲時，最想端出的甜點。
用餐結束前享用的甜點如果很美味，就會對整頓飯留下更深刻的印象。

檸檬慕斯

15cm圓形圈模1模份
作業60分鐘
烘烤時間10分鐘（冷卻時間除外）

材料

◎慕斯
- 蛋黃　20g
- 細砂糖　20g
- 檸檬汁　50g
- 磨碎的檸檬皮　1個份
  - 明膠粉　2g
  - 冷水　12g
- 鮮奶油　100g

檸檬切片　7片
鏡面果膠
- 水　50g
- 細砂糖　10g
- 明膠粉　5g
- 冷水　30g

◎彼士裘依蛋糕麵糊

＋彼士裘依蛋糕麵糊準備與P.77相同的分量。
＋明膠粉用冷水泡脹之後，放入冷藏室備用。
＋鮮奶油放入底部墊著冰水的缽盆中，打至6分發，放在冷藏室冷卻。
＋在圓形圈模的內側放置透明的慕斯圍邊。

作法

◎慕斯

1 將蛋黃和細砂糖放入缽盆中，以打蛋器研磨攪拌至顏色泛白為止。
2 將檸檬汁和檸檬皮放入鍋子中，以中火加熱至快要沸騰時，一點一點地加入1的缽盆中，充分攪拌。
3 倒回鍋子中，一邊以橡皮刮刀攪拌一邊以中火加熱至80度。
4 將3移入缽盆中，加入用冷水泡脹的明膠粉溶勻，然後將缽盆的底部墊著冰水冷卻至20度。
5 將打發的鮮奶油分成3次加入4之中，以橡皮刮刀攪拌。

◎彼士裘依蛋糕

6 參照P.78-79，製作彼士裘依蛋糕。
7 如圖所示成形烘烤之後，將長方形的彼士裘依蛋糕切成一半。
8 把放置了慕斯圍邊的圓形圈模準備好，將彼士裘依蛋糕鋪在底部和側面。
9 倒入慕斯至模具的一半，鋪上彼士裘依蛋糕，然後倒入剩餘的慕斯直到與圓形圈模的邊緣齊平。
10 冷卻至慕斯凝固之後，以檸檬切片裝飾頂部。
11 將鏡面果膠塗抹在頂部，冷卻至凝固之後，卸下圓形圈模。

鏡面果膠（呈現光澤的糖漿）

將指定分量的水和細砂糖放入鍋子中，以中火煮溶之後，再加入事先以冷水泡脹的明膠粉，讓它溶勻。

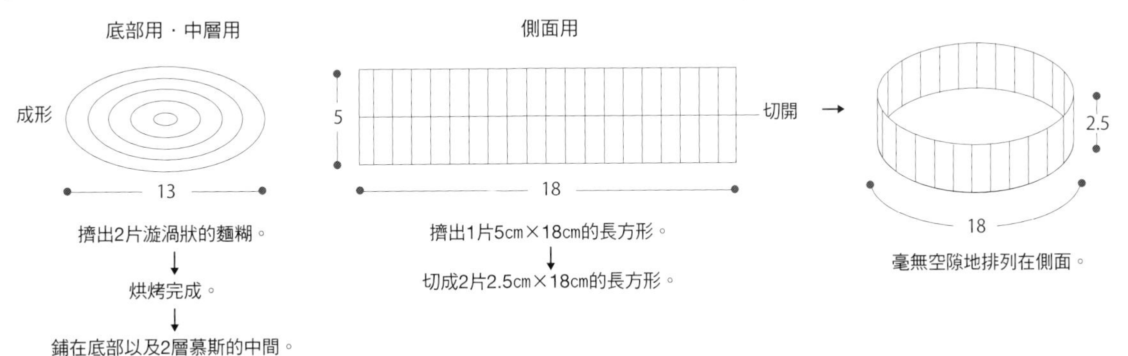

看起來就像好幾層葉子重疊在一起的千層派（millefeuille）。
這裡是利用冷凍派皮做成酥脆的派皮，搭配酸味鮮明的檸檬凝乳。

檸檬千層派

4cm×10cm千層派6個份
作業40分鐘　烘烤時間40分鐘

材料

◎派皮
20cm×20cm冷凍派皮　3片

加入明膠的檸檬凝乳
檸檬凝乳（P.12）　200g
明膠粉　2g
冷水　12g

防潮糖粉　適量

作法

◎派皮

1 冷凍派皮解凍之後擀成3mm的厚度，以叉子平均地在派皮上戳洞，然後放入冷凍室再次冷卻。

2 以210度的烤箱烘烤20分鐘，烤到變成淺褐色之後，壓一塊烤盤在派皮上，避免它膨脹浮起，維持這個狀態以210度再烘烤20分鐘，然後置於網架上放涼。

◎組合

3 將派皮切成4cm×10cm的大小共18片，以3片為1組。

4 將加入明膠的檸檬凝乳填入裝有1cm圓形擠花嘴的擠花袋中，擠在派皮上面，再疊上派皮。

5 將4再重複一次，疊上派皮，在頂部篩撒防潮糖粉。

notes

可以將檸檬凝乳和檸檬鮮奶油霜分別擠在上下兩層，讓味道產生對比。

加入明膠的檸檬凝乳

將指定分量的明膠粉以冷水泡脹。
將已經泡脹的明膠粉隔水加熱或是以微波爐加熱，然後放入檸檬凝乳中充分攪拌均勻。

待在巴黎的樂趣之一，就是在喜愛的咖啡館外帶新發現的常溫糕點，把糕點當成早餐或點心在公園享用。
記憶中，我曾將留學時期吃過的酥脆「布列塔尼酥餅」做成塔的形式，
現在我把那款糕點與檸檬凝乳和莓果搭配在一起。

以布列塔尼酥餅製作的檸檬莓果迷你塔

6cm圓形圈模
或6cm鋁製模具7個份
作業40分鐘
烘烤時間30分鐘（靜置的時間除外）

材料

◎ 麵團
- 奶油　180g
- 糖粉　130g
- 鹽　3g
- 蛋黃　40g
- 蘭姆酒　7g
- ◆低筋麵粉　165g
- ◆杏仁粉　30g

增添光澤的蛋液
- 全蛋　1個
- 牛奶　5g

加入明膠的檸檬凝乳
- 檸檬凝乳（P.12）　100g
- 明膠粉　1g
- 冷水　6g

個人喜愛的莓果　適量

+ 材料恢復至常溫備用。
+ 參照P.89，將已經用冷水泡脹的明膠粉加熱，混入檸檬凝乳中備用。
+ 增添光澤的蛋液是將蛋和牛奶混合之後充分攪拌而成。

作法

1 將奶油放入缽盆中攪拌至變滑順之後，加入糖粉、鹽，用橡皮刮刀以按壓的方式混拌。

2 將蛋黃、蘭姆酒分成3次加入，每次加入時都要攪拌至出現光澤為止。

3 將粉類◆一口氣加入，以橡皮刮刀切拌，然後將麵團鋪在烘焙紙上。

4 以擀麵棍擀成1cm的厚度，放在冷藏室靜置一個晚上。

5 以圓形圈模壓出圓形的麵團，用刷子塗上增添光澤的蛋液，套著圓形圈模以170度的烤箱烘烤30分鐘，烤到充分上色為止，卸下圈模，置於網架上放涼。

6 把加入明膠的檸檬凝乳圓圓地擠一球在塔皮上，然後以個人喜愛的莓果裝飾。

notes

因為麵團含有大量奶油，所以要置於圓形圈模或鋁製模具中烘烤。
也可以將檸檬凝乳擠在市售的酥餅上面，以水果裝飾之後享用。

Jean Cocteau
1959

表面帶有光澤的馬卡龍被稱為巴黎馬卡龍（Macarons Parisiens）、光滑馬卡龍（Macarons Lisses）。
事實上，馬卡龍的發祥地是義大利。16世紀，梅迪奇家族的凱薩琳．德．梅迪奇嫁給亨利2世時，
一起陪嫁過來的甜點師傅把馬卡龍的作法傳入法國，再透過修道院傳遍法國各地。
酸酸的、充滿強烈檸檬風味的檸檬凝乳，與甜甜的馬卡龍是絕佳組合。

檸檬馬卡龍

直徑4cm馬卡龍20個份
作業60分鐘
烘烤時間13分鐘（晾乾的時間除外）

材料

◎ 馬卡龍麵糊

- 義大利蛋白霜
  - 蛋白　50g
  - 細砂糖　100g
  - 水　15g
- 杏仁粉　100g
- 糖粉　100g
- 蛋白　30g
- 食用色素（黃色）　3g

加入明膠的檸檬凝乳

- 檸檬凝乳（P.12）　100g
- 明膠粉　1g
- 冷水　6g

＋將食用色素混入蛋白中。
＋參照P.89，將已經用冷水泡脹的明膠粉加熱，混入檸檬凝乳中備用。
＋在紙上畫出直徑4cm的圓圈，作為馬卡龍大小的標準。將紙放在烤盤上，再將烘焙紙鋪在上面。

作法

◎ 馬卡龍麵糊

1 參照P.18-19，製作義大利蛋白霜。
2 將杏仁粉、糖粉、混合了食用色素的蛋白放入另一個缽盆中，以橡皮刮刀攪拌均勻。
3 將⅓的義大利蛋白霜加入**2**的缽盆中，用橡皮刮刀從下方舀起翻拌。
4 將剩餘的義大利蛋白霜分成2次加入，以同樣的方式翻拌。
5 攪拌時，使用「馬卡龍手法（macaronnage）」：將麵糊壓在缽盆的側面摩擦，壓碎蛋白霜的氣泡。
6 填入裝有1cm圓形擠花嘴的擠花袋中，依照事先畫好的圓圈，在烤盤上擠出4cm大小的圓形麵糊。將麵糊晾乾至即使觸碰麵糊的表面也不會留下指痕的程度。
7 以170度的烤箱烘烤3分鐘，降低至140度之後再烘烤10分鐘，烤到馬卡龍可以從烘焙紙上完好無缺地剝下來為止，置於網架上放涼。
8 以2片為1組，將加入明膠的檸檬凝乳擠在其中1片上，再以另1片夾起來。

notes

馬卡龍手法指的是壓碎蛋白霜的氣泡，以調節麵糊的軟硬度。麵糊軟硬度的標準為——麵糊流下來時會呈緞帶狀，以及敲擊缽盆的底部時，流下來的麵糊會在缽盆內攤平。

以檸檬取代柳橙，增添了苦味和酸味，做成屬於成年人口味的可麗餅甜點。

檸檬醬汁可麗餅

2人份（可麗餅6片）
作業30分鐘（靜置時間除外）

材料

- 可麗餅麵糊
  - 全蛋　100g
  - 細砂糖　50g
  - 低筋麵粉　95g
  - 牛奶　315g
- 橄欖油　適量
- 檸檬醬汁
  - 細砂糖　55g
  - 檸檬汁　90g
  - 奶油　40g
- 檸檬皮細絲　適量

作法

- 可麗餅麵糊

1 依照順序將打散的全蛋、細砂糖、低筋麵粉放入缽盆中，每次放入時都要以打蛋器攪拌，接著一點一點地加入牛奶混合，然後放在冷藏室靜置1小時以上。

2 將橄欖油倒入平底鍋中加熱，把圓形湯勺1勺份的麵糊薄薄地攤平，將兩面煎烤至變成金黃色為止。

3 把可麗餅摺起來，盛入盤中，淋上檸檬醬汁，撒上檸檬皮細絲。

notes

淋上大量的檸檬醬汁是重點所在。
添加冰淇淋或當季水果就成了一道華麗的甜點。

檸檬醬汁

將指定分量的細砂糖和檸檬汁放入平底鍋中，稍微煮沸之後加入奶油融勻。

將鹽漬檸檬盛在沙拉或三明治上，能讓料理的味道變得更有深度。

鹽漬檸檬

材料　檸檬5個份（完成品約500g）
日本國產檸檬　5個
岩鹽　300g
檸檬汁　80g
月桂葉　2片
丁香　5顆
滾水　適量

將瓶子煮沸消毒5分鐘備用。

作法

1 將檸檬用水洗淨，然後從果實其中一端的正中央縱向切入十字形切痕，不要切到底。

2 將檸檬和鹽交替放入瓶內，再倒入檸檬汁。

3 加入滾水直到淹過檸檬為止，再加入月桂葉、丁香之後蓋上瓶蓋。

4 放在陰暗處1個月讓檸檬發酵。1週1次，在瓶蓋緊閉的狀態下大幅度地搖晃瓶子。

notes

+ 賞味期限3個月。放在冷藏室中保存。

巴黎咖啡館的「今昔」狀況

如果說巴黎的咖啡館業界是由檸檬構築而成，一點也不誇張。

在咖啡館享用咖啡和茶點的型態，據說是當年一名西西里島出身的男子，在取得販售檸檬水的權利之後，於巴黎開設販賣檸檬水、咖啡、茶點的店鋪，因而開啟的風潮。

巴黎最古老的咖啡館，位於聖日耳曼德佩區的「普羅可布咖啡館」正是前述的那家店，其目前也以咖啡・餐館的型態經營，總是座無虛席。

走訪扎根於巴黎文化的咖啡館，也是我逗留巴黎期間的一個樂趣，除了在以前那些文豪經常光顧的老咖啡館啜飲濃縮咖啡，探訪最近有著很大變化的新型咖啡館也成為我獲取糕點靈感的機會。

常聽人說，「法國是保守的國家」、「法國人不說英語」，但是現今景況卻有相當大的改變，遇到店員用英語溫柔應答的場面也很頻繁。咖啡館的狀況也是如此，從第三波咖啡浪潮風格的咖啡店，到供應冰沙和鬆餅的時尚咖啡館，各種不同型態的店家逐漸發展，每天都因眾多巴黎人的光顧而門庭若市。

我走訪這類新型態咖啡館的原因終究是為了甜點，即便雅致的小咖啡館裡也有講究的甜點，這是法國才有的現象吧。

我不自覺點用了使用檸檬製作的糕點，像是無麩質的檸檬蛋糕或英式檸檬罌粟籽奶油酥餅等，這類在家裡也會製作、食材簡單的常溫糕點，蘊含了許多創意，我常將這些當地品嘗過的檸檬甜點，納入烘焙教室的課程裡。

因檸檬而誕生的咖啡館捲進了各式各樣的文化，如今也與檸檬一起，吸引著每個人的注意。

冰冰涼涼的檸檬甜點

源自法國羅亞爾河流域的安茹地區、口感滑順的乳酪甜點，
搭配味道契合的檸檬凝乳，並以糖漬檸檬作為頂飾配料。

檸檬凝乳安茹白乳酪蛋糕

直徑5.5cm×高3cm小烤盅6個份
作業20分鐘（冷卻的時間除外）

材料

鮮奶油（乳脂肪含量45%） 100g
白乳酪（乳脂肪含量40%） 200g
糖粉 50g
檸檬汁 2g
檸檬凝乳（P.12） 30g
糖漬檸檬
　檸檬的果肉 60g
　糖粉 30g

＋將指定分量的檸檬果肉切成1.5cm小丁，與糖粉混合之後冰涼備用。
＋將紗布鋪在小烤盅裡備用。

作法

1 缽盆底下墊著冰水，將鮮奶油放入缽盆中打至7分發，呈現的狀態應該是：舀起的鮮奶油會黏稠地掉下來，且缽盆裡的鮮奶油痕跡會慢慢地消失。

2 將白乳酪放入另一個缽盆中，加入糖粉攪拌至滑順，再加入檸檬汁混合之後，以橡皮刮刀將1的鮮奶油拌入，大幅度地翻拌。

3 將鮮奶油白乳酪填入鋪有紗布的小烤盅裡直到半滿，在正中央加上1匙檸檬凝乳，然後將鮮奶油白乳酪填平至小烤盅的邊緣，用紗布包起來，放在冷藏室冷卻凝固。

4 取下紗布之後盛裝在盤中，頂部以糖漬檸檬裝飾。

用湯匙舀開時，可以看見隱藏其中的檸檬凝乳。這裡使用的是白乳酪，但也可以替換成水切優格來製作。

挖出了果肉的檸檬容器小巧可愛，入夏後誘人食指大動的雪酪。百分百的檸檬果汁散發出引人垂涎的酸味。

檸檬雪酪

檸檬容器4個份
作業20分鐘（冷卻的時間除外）

材料

細砂糖　60g
水麥芽　30g
水　120g
檸檬汁　120g
磨碎的檸檬皮　½個份

+ 製作檸檬容器→準備4個檸檬。切除頂部的¼當做蓋子，其餘的¾以湯匙挖出果肉。

作法

1 將全部的材料放入鍋子中，以小火加熱，把細砂糖和水麥芽煮融。
2 移入長方形淺盤中，放入冷凍室讓它結凍。
3 將已經結凍的雪酪放入食物調理機中攪打，再盛入檸檬容器中。

+ 如果沒有食物調理機的話，可以在冷凍的過程中取出雪酪數次，以叉子攪碎。

用檸檬水製作的簡單刨冰。事先加進檸檬水中的肉桂散發出微微香氣的時尚夏日甜點。

檸檬刨冰 ⅄

2人份　作業15分鐘

材料

檸檬水（P.110）　120g

刨冰　200g

檸檬切片　2片

＋ 檸檬切片要先浸泡在檸檬水（分量外）中備用。

作法

1 將檸檬水分成3次，每次40g，與刨冰交替盛入容器中。

2 在刨冰上面擺放檸檬切片。

notes

也可以淋上煉乳做成溫和的口味，或是將糖漬檸檬（P.105）當成頂飾配料來享用。

以糖漬檸檬點綴酸味溫和的芭芭露亞，成為可以同時享用到酸味和甜味的芭芭露亞。
最後以玻璃杯甜點的形式呈現。

檸檬芭芭露亞

直徑4㎝×高6㎝玻璃杯4個份
作業30分鐘（冷卻的時間除外）

材料

蛋黃　40g
細砂糖　40g
牛奶　125g
磨碎的檸檬皮　1個份
明膠粉　5g
冷水　30g
檸檬汁　30g
鮮奶油　90g
糖漬檸檬
　檸檬的果肉　60g
　糖粉　30g
薄荷葉　適量

＋ 明膠粉以冷水泡脹之後，放入冷藏室備用。
＋ 將鮮奶油倒入缽盆中，墊著冰水打至6分發，然後放在冷藏室中冷卻。

作法

1 參照P.106，製作芭芭露亞。
2 倒進玻璃杯中，放在冷藏室中冷卻凝固，頂部以糖漬檸檬、薄荷葉裝飾。

糖漬檸檬

1 將檸檬皮連同白色的部分一起切除，然後將刀子切入果囊薄膜的內側，取出已經切成瓣形的果肉。
2 將指定分量的果肉和糖粉混合之後，充分冰鎮。

芭芭露亞的作法

製作重點在於持續地攪拌以免蛋黃過熱，並且大幅度翻拌以避免破壞鮮奶油的氣泡

1 將蛋黃和細砂糖放入缽盆中，以打蛋器研磨攪拌至顏色泛白為止。

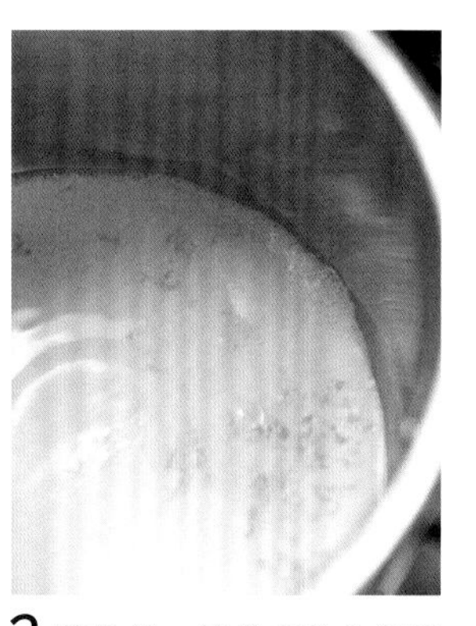

2 將牛奶、檸檬皮放入鍋子中，以中火加熱至快要沸騰為止。

3 將2一點一點地加入1的缽盆中，以打蛋器攪拌。

4 倒回鍋子中，以小火加熱，一邊以橡皮刮刀攪拌一邊加熱至變得有點濃稠為止。

notes

為了避免蛋液過熱，要不停地攪拌。

5 移入缽盆中，趁熱加入明膠粉使之溶化，再加入檸檬汁攪拌。

6 在缽盆底下墊著冰水，以橡皮刮刀攪拌至變得濃稠、冷卻為止。

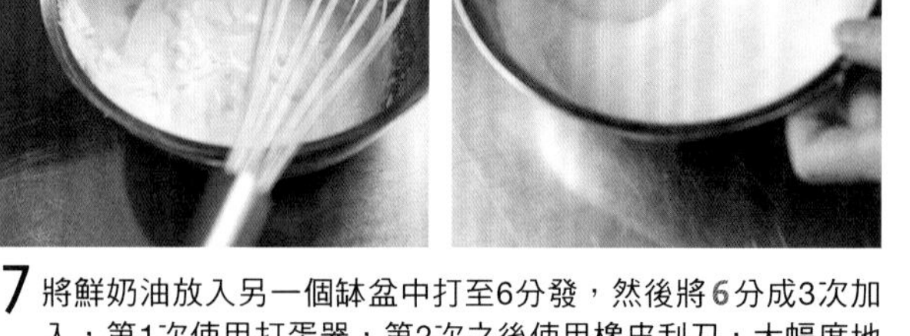

7 將鮮奶油放入另一個缽盆中打至6分發，然後將6分成3次加入，第1次使用打蛋器，第2次之後使用橡皮刮刀，大幅度地翻拌。

notes

因為6很容易沉積在缽盆的底部，所以要充分攪拌。

帕芙洛娃源自澳洲，是使用蛋白霜製成的甜點。
將蛋白霜的形狀模擬芭蕾女伶安娜．帕芙洛娃的芭蕾舞裙所做成的可愛甜點。
將檸檬凝乳盛在檸檬蛋白霜上，再撒上開心果，完成這道非常適合餐後享用的甜點。

檸檬帕芙洛娃

8cm圓形7個份
作業20分鐘（蛋白霜乾燥的時間除外）

材料

檸檬蛋白霜
檸檬凝乳（P.12） 100g
開心果 適量
藍莓 適量

+ 檸檬蛋白霜準備P.35的2倍分量。
+ 開心果細細切碎。

作法

1 將檸檬蛋白霜填入裝有星形擠花嘴的擠花袋中，擠成直徑8cm的圓形螺旋狀，外圍再重疊擠一圈，做成蛋白霜容器。
2 放入90度的烤箱中烘烤120分鐘，將蛋白霜容器烤乾。
3 將檸檬凝乳盛在凹陷處，撒上開心果碎末、藍莓。

不需借助冰淇淋機，以蛋白霜和鮮奶油製作的牛軋糖冰淇淋。
在蜂蜜風味的蛋白霜中加進焦糖堅果或
水果乾製作而成的牛軋糖，是隆河-阿爾卑斯地區的甜點。
這是以牛軋糖為基底做成冰品，填入檸檬模具中凝固而成的冰涼甜點。

檸檬牛軋糖冰淇淋

9cm×6.5cm檸檬模具6個份
作業30分鐘（冷卻的時間除外）

材料

◎ 牛軋糖冰淇淋
- 蛋白霜
  - 蛋白　40g
  - 蜂蜜　80g
- 鮮奶油　200g
- 細砂糖　65g
- 磨碎的檸檬皮　1個份
- 糖漬檸檬皮（P.68）　20g

糖漬檸檬皮（P.68）　適量
薄荷葉　適量

＋ 要放入冰淇淋中的糖漬檸檬皮切成5mm的寬度。
＋ 作為頂飾配料的糖漬檸檬皮細細切碎。

作法

1 製作蛋白霜。
將蛋白用手持式電動攪拌器以高速打發至會留下攪拌的痕跡為止，將加熱至110度的蜂蜜像垂下細線般加入蛋白中，一邊加入一邊攪拌。打發2分鐘左右，直到蛋白霜立起尖角，然後放入冷藏室冷卻至變成常溫。

2 將鮮奶油和細砂糖放入另一個缽盆中，加入檸檬皮，在缽盆底下墊著冰水，打至8分發為止。

3 將蛋白霜分成2次加入2之中，以橡皮刮刀大幅度翻拌。

4 加入糖漬檸檬皮混拌。

5 將4裝入檸檬模具中，填滿至模具的邊緣，抹平表面，放在冷凍室冷卻定型。

6 脫模之後盛在盤中，頂部以糖漬檸檬皮和薄荷葉裝飾。

notes

將檸檬模具放入裝有熱水的缽盆中迅速泡一下，就可以讓牛軋糖冰淇淋漂亮地脫模。裝入小烤盅或磅蛋糕模具中冷卻定型也OK。

五分鐘就能完成的簡單自製檸檬水。夏季做成檸檬汽水，冬季做成熱檸檬水。依個人喜好加入香草就能變化出許多不同的口味。

檸檬水

材料 4人份
日本國產檸檬 4個
細砂糖 120g
蜂蜜 60g
肉桂棒 1根
丁香 5顆

將瓶子煮沸消毒5分鐘備用。

作法

1 將用水洗淨的檸檬切片，然後將細砂糖、蜂蜜，與檸檬交替填滿瓶中，放入肉桂棒和丁香之後蓋上瓶蓋。

2 放置在陰涼的場所直到砂糖溶化為止，不時大幅度地搖晃瓶子使砂糖溶化。

notes

+ 細砂糖溶化之後，放在冷藏室保存。
+ 賞味期限約3週。
+ 細砂糖也可以用甜菜糖或上白糖替代。
+ 飲用方式：夏季時以汽水或白開水稀釋之後飲用。加入薄荷葉或香菜等香草一起飲用也OK。冬季時以熱水稀釋，做成熱檸檬水。不論冷熱飲都是稀釋成4倍。

地中海的檸檬

檸檬有數不盡的活用方法。

加在糕點、料理、酒類之中……地中海以及阿拉伯區域的國家也許是將檸檬利用得最淋漓盡致的地區。

前往地中海沿岸的城鎮時，令人不禁感受到那裡的確是檸檬的寶庫。暑假期間，販售「義式冰沙（Granita）」的店家沿著海岸林立，義式冰沙是早在冰淇淋廣受歡迎之前大家就很喜愛的冰品，在夏季的暑氣中，會看到清爽的檸檬義式冰沙特別暢銷。

在海岸邊的咖啡館露台上喝杯餐前酒！

天氣晴朗乾燥時，在天色還亮的時候，如果有空的話，大家會來一杯以檸檬水和啤酒調成的「檸檬啤酒（Panaché）」作為餐前酒。由於酒精濃度降低，因此它也是深受法國年輕人喜愛的啤酒。

從尼斯往義大利的方向，來到法國和義大利兩國邊界的城市「芒通」。這裡被稱為檸檬之城。

每年2月會舉辦慶祝豐收的檸檬節，當地特產似乎以小瓶裝的檸檬甜酒（Limoncello）最受歡迎。好像也有不少家庭會在家裡自己製作「檸檬甜酒」——將檸檬的香氣轉移到精餾伏特加（Spirytus）之中，再添加糖漿調合即完成。

據說廣泛生長於印度的香水檸檬是由信奉伊斯蘭教的阿拉伯人傳入地中海。他們將檸檬浸泡在鹽水中保存，用來醃漬肉或魚，以這類作法活用檸檬烹調料理。關於這些端倪，可從摩洛哥料理中窺見，走訪摩洛哥一趟，會發現鹽漬檸檬非常盛行。

在招牌料理塔吉鍋中，常可見到鹽漬檸檬和雞肉的組合，檸檬具有去除肉腥味的效果，使用起來很方便。

由於會刺激味覺和嗅覺，檸檬不僅能夠當作糕點的材料，甚至可以出現在料理和飲品中，檸檬的巧妙用法，應該是與地中海各國的文化一起演進的吧。

週末檸檬餐

使用與檸檬非常對味的雞肉，再撒上番茄、檸檬與蒔蘿，製成外觀也色彩鮮明的鹹派。

檸檬雞肉鹹派

15㎝塔模具1模份
作業40分鐘
烘烤時間50分鐘（靜置的時間除外）

材料

◎酥脆塔皮
- ◆低筋麵粉　50g
- ◆高筋麵粉　50g
- 奶油　50g
- 鹽　1撮
- 冷水　20g
- 全蛋　15g

◎內餡
- 雞胸肉　100g
- 胡椒鹽　少許
- 洋蔥　½個
- 蒔蘿　5束
- a
  - 全蛋　1個
  - 蛋黃　1個
  - 牛奶　80g
  - 鮮奶油　50g
  - 乳酪粉　30g

檸檬切片　4片
小蕃茄　3個
蒔蘿　適量
橄欖油　適量

+奶油切成1㎝小丁。
+奶油、粉類◆先放入冷藏室冷卻備用。
+雞肉切成一口大小。
+洋蔥、要放入內餡中的蒔蘿切成碎末，小番茄和檸檬切片切成4等份。

作法

◎酥脆塔皮

1 將粉類◆、奶油、鹽放入食物調理機中，將奶油攪打成米粒般的大小。

2 將冷水和全蛋一點一點地加進去攪拌，集中成麵團。

3 將麵團整理成長方形，切成一半，相互交疊。將這個作業重複2次製作出層次，然後以保鮮膜包起來，放在冷藏室靜置2小時以上。

4 將麵團以擀麵棍擀成厚2mm的圓形麵皮，鋪進模具中，以叉子在底部戳洞。

5 放上重石，以190度的烤箱烘烤15分鐘，取出重石之後，再以190度烘烤10分鐘，烤至塔皮的底部變成金黃色，然後直接留在模具中置於網架上放涼。

notes

如果沒有食物調理機的話，參照P.14，用手指將奶油和粉類搓合。

◎內餡

6 將橄欖油倒入平底鍋中，放入雞肉煎熟，撒上胡椒鹽，起鍋後暫置一旁備用。

7 洋蔥、蒔蘿也以橄欖油炒至變軟。

8 將a的材料放入缽盆中攪拌，再加入洋蔥和蒔蘿混合，然後倒入已經盲烤完成的塔皮中。

9 將雞肉、檸檬切片、小番茄、蒔蘿散放在內餡上，以190度的烤箱烘烤25分鐘，烤到內餡凝固為止。

在裸麥麵包上盛滿乳酪、蔬菜或魚貝類的北歐風開面三明治「Smorrebrod」，
是早餐時段很想享用的一道料理。搭配了與鮭魚相當對味的鹽漬檸檬。

檸檬開面三明治

2人份　作業15分鐘

材料

裸麥麵包　2片
奶油　適量
奶油乳酪　50g
生魚片用鮭魚　6片
鹽漬檸檬（P.96）　4片
紫洋蔥　¼個
櫻桃蘿蔔　2個
蒔蘿　適量
檸檬淋醬
　檸檬汁　15g
　胡椒鹽　少許
　橄欖油　15g

+ 鮭魚切成薄片之後撒上鹽，放在冷藏室冷卻，使用前以水洗淨，去除腥味。
+ 紫洋蔥切片之後過一下冷水備用。
+ 櫻桃蘿蔔切片，鹽漬檸檬切成薄片之後再切成4等份。

作法

1 將裸麥麵包烤過之後塗上奶油、奶油乳酪，然後盛上已經瀝乾水分的鮭魚、鹽漬檸檬、紫洋蔥、櫻桃蘿蔔，撒上蒔蘿。
2 淋上檸檬淋醬。

notes

將自己偏愛的繽紛配料交織盛放在上面，組合的過程中似乎也變得充滿樂趣。

檸檬淋醬

將指定分量的檸檬汁、胡椒鹽放入缽盆中調合，再加入橄欖油混合均勻。

在法國經常會舉行家庭派對，受邀的客人習慣帶著伴手禮赴會。
我還記得，應熟人之邀出席家庭派對時，
法國太太提著剛做好的鹹味磅蛋糕「法式鹹蛋糕」出現在廚房裡的情景。
這裡為了省略切開鹹蛋糕的麻煩，改以馬芬模具製作。

檸檬法式鹹蛋糕

直徑6cm×高4cm馬芬模具10個份
作業30分鐘　烘烤時間30分鐘

材料

◎ 麵糊

洋蔥　1個
大蒜　1瓣
培根　50g
櫛瓜　½根
全蛋　2個
乳酪粉　40g
橄欖油　50g
牛奶　70g
檸檬汁　10g
胡椒鹽　¼小匙
甜椒　½個
◆低筋麵粉　120g
◆泡打粉　5g

檸檬　½個
橄欖油　適量

+ 培根切成1cm的寬條。
+ 洋蔥、大蒜切成碎末。
+ 櫛瓜切成5mm厚的圓片，甜椒切成1cm的寬條。
+ 檸檬切成薄片。
+ 將蛋糕紙杯放入馬芬模具中。

作法

1 將橄欖油倒入平底鍋中，以小火將洋蔥和大蒜炒到變成黃褐色，然後離火放涼。
2 將培根炒至變色之後放涼。
3 將橄欖油倒入平底鍋中，快炒櫛瓜，放涼。
4 將全蛋、乳酪粉、指定分量的橄欖油、牛奶、檸檬汁、胡椒鹽放入缽盆中，以打蛋器攪拌。
5 加入已經放涼的1、2、3和甜椒攪拌。
6 加入粉類◆，以橡皮刮刀大幅度地翻拌，然後將麵糊倒入模具中至8分滿，放上檸檬薄片。
7 以180度的烤箱烘烤30分鐘，烤到插入竹籤時也不會沾黏麵糊為止，脫模之後置於網架上放涼。

將溫熱的檸檬奶油醬汁淋在鬆軟的歐姆蛋上面。蛋的醇厚味道與檸檬的酸味形成絕妙搭配。

檸檬歐姆蛋

2人份　作業20分鐘

材料

全蛋　3個
牛奶　45g
磨碎的檸檬皮　1個份
胡椒鹽　適量
奶油　15g
檸檬奶油醬汁
　檸檬汁　7g
　水　45g
　奶油　45g
　胡椒鹽　適量
檸檬切片　2片

作法

1 將全蛋、牛奶、檸檬皮、胡椒鹽放入缽盆中，充分打散混合均勻。

2 將平底鍋以中火燒熱，將奶油燒融之後，把1倒入鍋中。

3 以長筷拌炒至呈半熟狀態，集中至平底鍋的單側調整形狀，煎烤10秒鐘左右。

4 盛盤後淋上溫熱的檸檬奶油醬汁，擺上1片檸檬切片。

檸檬奶油醬汁

將指定分量的檸檬汁和水倒入鍋子中，熬煮至沸騰。
放入奶油使之融化，加入胡椒鹽，再加入1片檸檬切片，迅速加熱。

檸檬也有抑制魚腥味的作用。利用甜椒和蔬菜嫩葉做成色彩鮮明的沙拉。

鹽漬檸檬義式生鯛魚片沙拉

2人份　作業15分鐘

材料

蔬菜（蔬菜嫩葉、芝麻菜、紫葉菊苣等）
　100g
鯛魚（生魚片用）　200g
鹽漬檸檬（P.96）　10g
甜椒（紅・黃）　10g
蒔蘿　少許
胡椒鹽　少許
檸檬淋醬
　檸檬汁　15g
　白酒醋　15g
　胡椒鹽　少許
　橄欖油　15g

+ 鯛魚斜切成薄片，撒上胡椒鹽，放置5分鐘左右使之入味。
+ 鹽漬檸檬和甜椒切成5mm小丁。
+ 蔬菜浸泡冷水使口感清脆。

作法

1 將瀝乾水分的蔬菜、鯛魚片、鹽漬檸檬、甜椒、蒔蘿放入缽盆中，撒上胡椒鹽。
2 以檸檬淋醬調拌，盛盤。

檸檬淋醬

將指定分量的檸檬汁、白酒醋、胡椒鹽放入缽盆中，調匀之後再與橄欖油混合。

阿爾薩斯的鄉土料理「火焰薄餅」，脆脆的烤薄餅和白乳酪的酸味令人印象深刻。
這裡是使用酸奶油，並加入味道契合的鹽漬檸檬製作而成。
在飲用餐前酒時，大家分食剛烤好的熱騰騰薄餅好像也成為一種樂趣。

檸檬火焰薄餅

20cm×25cm長方形1片份
作業15分鐘
烘烤時間10分鐘（靜置的時間除外）

材料

◎ 餅皮
- ◆高筋麵粉　50g
- ◆低筋麵粉　50g
- 水　50g
- 橄欖油　10g
- 鹽　1撮

◎ 頂飾配料
- 酸奶油　80g
- 鮮奶油　20g
- 洋蔥　¼個
- 培根　50g
- 鹽漬檸檬（P.96）　20g
- 胡椒鹽　適量

蔬菜嫩葉　適量

+ 酸奶油和鮮奶油混合之後，攪拌至滑順。
+ 培根切成5mm的寬條。
+ 洋蔥、鹽漬檸檬切成薄片。
+ 將烘焙紙鋪在烤盤上。

作法

1 將粉類◆放入缽盆中，加入水、橄欖油、鹽，以橡皮刮刀攪拌。
2 麵團攪拌均勻之後，用手揉捏，集中成一團之後，在表面塗上分量外的橄欖油，在缽盆上包覆保鮮膜，於常溫中靜置10分鐘。
3 以擀麵棍擀成20cm×25cm的長方形薄片，放在烤盤上。
4 將已經混合的酸奶油和鮮奶油塗在麵皮上，擺放洋蔥、培根、鹽漬檸檬，撒上胡椒鹽。
5 以240度的烤箱烘烤10分鐘左右，直到出現烤色為止，盛入盤中，撒上蔬菜嫩葉。

notes

擺上檸檬薄片，在最後淋上蜂蜜也很美味。簡單就能完成，也能隨意變換配料。

從巴黎前往葡萄牙旅行時，不論哪家店都備有美味的湯品。
因為當地的人好像習慣喝湯之後才開始吃前菜，
所以有許多配料的檸檬湯，也讓我把肚子吃得飽飽的。

檸檬湯

4人份
作業20分鐘　燉煮時間25分鐘

材料

橄欖油　30g
胡蘿蔔　1根
西洋芹　1根
洋蔥　½個
高湯塊　1個
熱水　750g
胡椒鹽　¼小匙
香草（鼠尾草等）　適量
檸檬汁　10g
大麥　30g
雞胸肉　1條
檸檬切片　4片

+ 胡蘿蔔、西洋芹、洋蔥切成1㎝小丁。
+ 高湯塊以指定分量的熱水溶勻備用。
+ 大麥煮過之後倒入網篩中瀝乾水分。
+ 雞胸肉用鋁箔紙包好，以小烤箱加熱10分鐘。

作法

1 將10g橄欖油倒入鍋中加熱，放入胡蘿蔔、西洋芹、洋蔥炒5分鐘左右，炒到變軟為止。
2 加入用熱水溶化的高湯，再加入胡椒鹽、香草、檸檬汁，以偏弱的中火煮20分鐘。
3 將水煮大麥、撕成肉絲的雞胸肉加進去，再倒入剩餘的橄欖油，熬煮5分鐘左右。
4 盛盤，放上檸檬切片。

notes

大麥只用大量的熱水去煮。不論使用丸麥、麥片、糯麥，都是美味又健康。

巴黎的檸檬散步

巴黎總是能夠帶給我許多靈感。

檸檬之旅今後也將持續下去。

加藤里名

西點研究家。

1988年生於日本東京。聖心女子大學畢業。於會計師事務所的工作之餘，在「雨落塞納河」甜點教室學習法式甜點，而後遠赴法國。於「巴黎藍帶廚藝學院」的甜點高級課程結業後，在巴黎的甜點店「Laurent Duchêne」研修。2015年起在東京．神樂坂主持以法式甜點為基礎的「西點教室Sucreries」。父親是大阪的壽司師傅，母親是西點研究家，從小就接觸到歐洲的飲食文化。如今也會定期走訪法國各地，在當地體驗食物的味道，將獲得的豐富經驗，持續反饋在自己的甜點製作上。隸屬「ELLE Gourmet」的食物創作者部門。活力十足地投入諸如咖啡館餐廳的食譜提供，或是珠寶品牌的常溫糕點提供等活動之中。

HP:https://www.rina-kato-sucreries.com
Instagram@rinakato_sucreries

【日文版工作人員】

書籍設計　繩田智子 L'espace
照片　竹内章雄　加藤里名（P.8, P.126-127）
造型　高橋みどり
插圖　鬼頭亜実 amikito.sketch
編輯　武内千衣子 ラマンプリュス

製作協助　久下真希子、小林里佳子、SAWAKO、宮前一美

【材料・器具提供】

廣島縣果實農業協同組合連合會
紀州農業協同組合

タカナシ乳業株式會社
〒241-0023 神奈川縣橫濱市旭區本宿町5番地
http://www.takanashi-milk.co.jp

貝印株式會社
〒101-8586 東京都千代田區岩本町3-9-5
https://www.kai-group.com

國家圖書館出版品預行編目資料

法式檸檬甜點／加藤里名著；安珀譯. --
初版. -- 臺北市：臺灣東販, 2020.04
128面；19×25.7公分
ISBN 978-986-511-310-0（平裝）

1.點心食譜 2.法國

427.16　　109002465

法式檸檬甜點

2020年4月1日初版第一刷發行
2022年6月1日初版第二刷發行

作　者　加藤里名
譯　者　安珀
編　輯　吳元晴
發行人　南部裕
發行所　台灣東販股份有限公司
＜地址＞台北市南京東路4段130號2F-1
＜電話＞（02）2577-8878
＜傳真＞（02）2577-8896
＜網址＞www.tohan.com.tw
郵撥帳號　1405049-4
法律顧問　蕭雄淋律師
總經銷　聯合發行股份有限公司
＜電話＞（02）2917-8022